All About Yohji Yamamoto from 1968

关于山本耀司的一切

追溯改变时装意义的山本耀司的足迹

田口淑子 编　　**许建明** 译

editing: Toshiko Taguchi

Contents

封面

摄影：山本 丰
美术总监：二本木 敬

本书取材自杂志《装苑》、high fashion、MR.high fashion
刊登的内容，并由再编辑的内容和新采访的文章构成。
与现在内容不一致的记载和文章，增加了修正与说明。
杂志刊登的年份在各篇章首页记载，详细情况在每页页码旁已
做标记。

EVOLUTION OF FASHION

山本耀司的时尚进化论　1986-1987

时尚是变化的。山本耀司，则进行着时装的变革。他为什么要这么做？又用了哪些方法？
我们想去寻找隐藏在他服装中的秘密。想要发掘其中的精神和技术。
于是，在山本耀司与 *high fashion* 编辑部之间，展开了一次问答形式的访问。

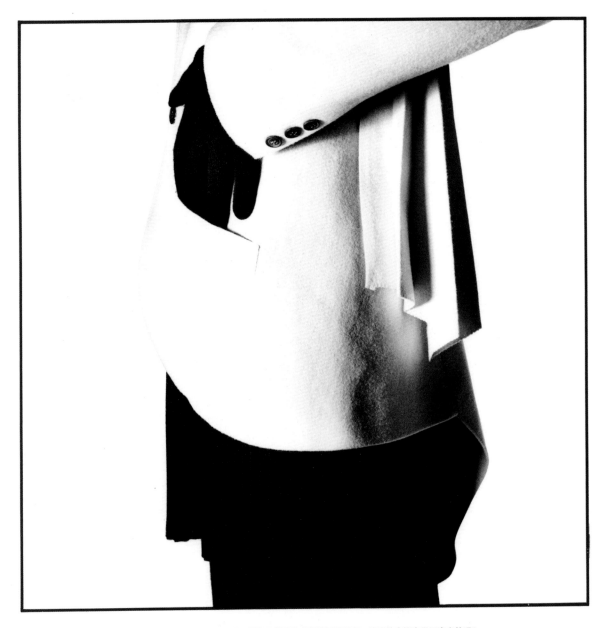

—— 这是件如同装置艺术般的漂亮外套。这里的衣褶也是无意义的吗？
—— 是，是之后再加上去的。
我对于功能性的美心存疑问，就试着加上了许多没有意义的装饰。

#001 MODERNISM

摄影：尼克·奈特 [Nick Knight] 现代主义

—— 这个领口折纸般的装饰，在口袋、包袋上也用了。它有什么意义吗？
—— 我第一次开始思索，在服装上有所谓的有意义和无意义吗？
回溯起来，在光洁的脖子上挂上绳子也属于衣服吧。那我就来挑战一下无意义的东西吧。

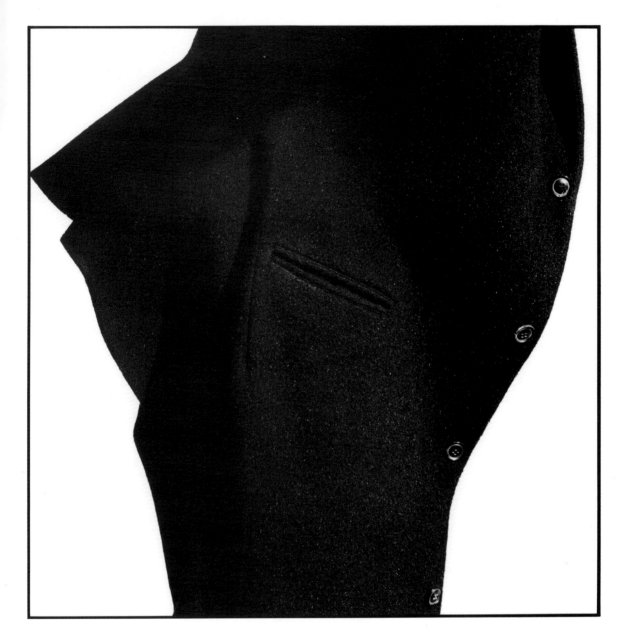

—— 设计从疑问开始？

—— 无论什么领域，不抱有疑问的人，是没有办法"造物"的。

—— 《平凡社大百科事典》中，对于现代派的解释如下：具有根本性的怀疑精神，对于布尔乔亚文化具有激进的批判。

—— 自己提出疑问并由自己作答。我愿意相信从苦战恶斗中所诞生的真实。因此，对于造物之人来说，现代派精神不正是最基本、最必需的吗？

—— 是再多吃些苦的意思吗？

—— 也不是。是去享受这场苦战恶斗。这也是造物的喜悦。

—— 所以不能满足于安逸的过去，是吗？

—— 作为训练、修炼来说，古典主义是必要的。但音乐家在足以评论感性、韵味之前，是需要积累几年、几十年的基本练习。设计师也是一样，在充分掌握了基本的技巧之前是没有话语权的。但是这一过程中一定会对过去的人所建立的价值观、文化观感到巨大的矛盾。一定会为这矛盾苦恼。这一番苦恼，也会逐渐让人看清自己判断和奋斗的方式。

—— 如山本先生的裙撑般，去刻意模仿经典吗？

—— 这张照片里的大衣，为了加上薄纱的裙撑，所以将后部镂空了出来。

—— 这么说来，是可以把裙撑取下来对吗？

—— 可以，这是我对于正装的提案。

因为大家都在做一些特别的衣服，或是加上装饰物，都弄得特别热闹。那如果在日常穿着的衣服上装上裙撑的话呢？看，这就变成正装了。

—— 呵呵，好讽刺。

—— 所谓先锋定制，并不是全盘否定高级定制，而是学习它的技术，加入新的注解吧。

—— 是要把它作为己方的武器。比如说这几年，制作前卫服装的人，都苦恼于省缝技术。对于深度、长短、松紧、整体的平衡都不了解。我也是时隔 10 年再次进行省缝，才明白了学生时代丝毫没有留意到的意思。当然也不会使用和以前相同的方法了。

—— 要找到自己的方法是吧？

—— 这是布料和人体教会我的事情。衣服不是由设计图来制作完成的。用熟悉的技巧来进行太过周密的创作是不行的。把衣料放在身体上试试，布料的流向和重量会自己呈现出来。

布料，是经纬力量的交错，仿佛具有生命般活着的事物。要一边看着这鲜活的状态，一边来制作衣服。我很想说，绝对不要坐着缝制样衣啊。

—— 只要不杀死如此"鲜活"的衣料，那衣服也能和穿着者一起"活着"吧。

—— 我就想制作这样的衣服。

SILHOUETTE #002

轮廓　摄影：尼克·奈特

—— 真是漂亮的剪影呢。

—— 衣服吗？还是加入女性身体比例的剪影？

—— 当然两者皆是。

—— 我是将衣服和女性的身体两者分开来考虑的。人生来具有的骨骼、肌肉的比例、年龄、身体意识等等，对于这些固定的审美意识我有些反感。虽然随着时代进步多少会有些变化，但自古以来的价值观基本都延续到了今天。我不满于依赖这些审美，或寄托大部分精力在过往的时尚果实上。说到轮廓剪影，否定众口一词的审美意识，这只是我工作的前半部分。是否要从根本上重新思考西欧女性以及对于时尚的审美意识，这也是我的提案所包含的内容。

—— 那为什么你又选了这样轮廓分明的设计呢？

—— 其中一点就是刚才所说的，脱离开女性来做衣服。关于秋冬时装系列，一开始我就和工作人员直言："要制作像笔筒一样的女装。"对穿着的女性不抱有幻想，将衣服本身当作一个装置艺术，作为一个平面图像来完成。让 - 保罗 · 高缇耶 [Jean Paul Gaultier] 曾用俄文来表现平面设计，我想将布料本身作为平面图像来表现。

—— 这张照片本身也很平面图案化。

—— 其实是立体的物件。

—— 穿着者会怎样呢？

—— 虽然这也是另一个让服装合身的理由，但这也是一个对女性的提问。你们的身体意识真的这么好吗？是的话，那就瘦身塑形，挺起胸穿起来试试。

—— 用意真坏啊……

—— 现在正是我对女性幻灭的时候。大小姐也好、财富新贵也好，都回归到了保守的一边。自立的女性都去哪儿了啊？真是生气也没有用，所以我就改变了服装的设计。信任的时候我可以请你自由地穿着，会说随你喜欢。但现在我就索性好好定下轮廓外形，误会也好怎么也好，我现在只会说请先尽量让自己能穿得进去才好。我放进去许多"毒"，享受这激动不安的状态。

—— 啊，不敢穿了呢。

—— 所以说啊，这是自相矛盾的身体意识。西式的体型才是美的？我自己也是觉得轮廓是气场、是意志，所以才这么一路走来的。

—— 这样一来，这就并非是强调人体的轮廓了，对吗？

—— 仅仅关注整体的比例，就是受到西欧审美意识荼毒的证据。以前的人们很看重脖子的曲线美，后背的线条美，而现在大家对于美的感受性变得淡薄，无论男女都变得钝感了。

—— 耀司先生，你觉得人体的哪个部分最有魅力呢？

—— 从肋骨到腰，再延伸到臀部的线条。是最敏感的，像蛇一样扭动的部分……这一季的秋冬系列，我集中精力在如何呈现出这一斜线的美。在结束这个部分的裁剪时，是我感到最紧张的时候。相反，胸部和臀部我就比较无所谓了。

—— 为了衬托侧腰的美，会加入装饰性的短围裙设计或是省缝吗？

—— 在实施技巧前，先要有对于造型的感受性。啊，就是这个，这个好看，有了这样的感动，之后再让衣料来配合，省缝也好，切换也好，应该是这样的顺序。

—— 第一张照片是？

—— 黑色无内衬的西装。因为是较厚的氨纶材质，所以剪裁时就做出了腰部的弧度。

—— 第二套西服呢？

—— 侧面部分，做了接近贴身斜度的直线裁切，替代了短围裙设计突出腰和臀的落差，用两层短裙来做蓬松处理。第三件是用省缝来展露曲线，是一半为短外套的半大衣设计。最后那张，是展开没有后背的大衣。领口全部是男式设计，胸线以下则是女士设计。

—— 对于女性，与其说是兴趣淡薄，不如说是极致的专注吧。

—— 我只是真心觉得如果没有完成这件衣服的话，对于女性美的认识就没有办法再上一个台阶。

SLEEVE #003

袖

摄影：山本耀司
助理：Takeshi Fujimoto[B.P.B]
发妆：Katsumi Nagatsuka[头部]
模特：Atsuko Miyama

—— 袖子的造型，是在制作服装的哪个阶段决定的？

—— 连肩袖大衣的时代到了，不从构思阶段就考虑可是做不出来的。

—— 不是做到半途再决定衣袖怎么弄的吗，不是那么简单的吗？

—— 在还没成形的造型阶段，袖子的设计就相当清晰了。可以说轮廓的生命，就在于装上袖子那一刻。为什么这么说呢，因为衣服是穿在肩上的。肩膀的斜度决定了衣服所有的功能。而肩与袖又是一心同体的。所以有着 A 使命的斜肩是没办法安上 B 的袖子的。

—— 就比如外套不能装上衬衣的袖子。

—— 要玩的话当然可以各种各样玩。但基本上是这样的。外套的话，男式裁剪主要有两种形式，一种类似维多利亚时期的立体剪裁，肩膀的斜度和袖子的弯曲都贴合这个人的身体。另一个则是近代才有的方法，它根据设想好的男性的理想形象来制作服装的外形，不合身的部分就由垫肩之类的来补充。这也是为了约定俗成的美，而做出流水线一样的设计。

—— 女装的情况如何呢？

—— 没有男式那么形式化，但我觉得也差不多。另外，还有一些肩斜线与袖子斜度同类的蝙蝠袖、法式袖、连肩袖等女性特有的式样。

—— 上面那件米色的大衣呢？

—— 前面是法式袖、后面是拼接的袖子，肩膀是男士剪裁，但袖子又不是。是通过同一片布料来表现纤细的身体，虽然功能性很低，但那个时代的女性觉得也无妨，属于相当古老的袖子缝法。但如今又能看到新意。

—— 那件灰色法兰绒大衣是连体袖啊！

—— 以永远举着手作为造型，裁成了好像帐篷的样子。布料就像鸭子的蹼一样连带着袖子。随着手的动作，身体的层次就上扬起来。腕部的动作也被全身的立体所隐藏，而不只是宽大的袖子。手抬起全身都伸长，手放下则出现褶皱。这就是这件衣服的美丽表情。

—— 袖子越宽越方便动作，这是具有功能性的吧！

—— 不负责地制作宽大的衬衣，腋下部分就会下垂，前侧就会上升。这不是洋服了，请系上带子穿吧。袖笼与前身中心线平行裁剪也不行，这会成为身体被拉扯、变形的原因。由于手臂的活动也是斜向的，所以不管垂肩式也好，普通装袖式也好，都必须斜向裁剪。大身 [去除袖子后衣服包裹身体如同背心的那个部分] 的袖洞方向朝后也是不对的。基本做法应该是稍微靠前，像转弯的隧道一样来缝上袖子。缝袖子也有种建造工程的乐趣呢。

—— 缝得好的袖子应该是怎么样的？

—— 根据衣服的性格不同自然也是各有不同的，注意点应该是，手腕自然下垂时，袖子不会扯着手，没有肩垫也可以有型地浮起来。从感觉上说的话，和衣料质地相衬的肩斜度和袖子，形成了恰到好处的锐角"碰撞"。

—— 但是肩膀的形状，每个人都不同吧。

—— 肩膀和脸一样，每个人都不同的。成衣的话，就要将此作为一个魅力点。制作合乎衣服风格的最佳肩幅和肩斜度。仿佛一首定型诗。

—— 怎么做呢？

—— 千差万别的肩膀，都会有一个重点，只要抓住这一点就好了。这一点正好是锁骨末端的地方。从这里开始肩膀是挑起还是落下，只要决定好这一点，无论什么肩膀都能获得你所期望的表情效果。不仅是肩膀，这里也可以说是西式服装的起点。从这里开始重心要转向第一颗扣子，由此拉开大幕。

—— 男装也是一样吧。它的袖子是？

—— 两者都是现在流行的袖子缝制方法，两个手腕向前是特点。显得略微有些拱背。

—— 的确，衣服的氛围就变了。照片上也看得到这样的感觉。关于拍摄您有什么感想呢？

—— 辛苦程度大概有设计工作的 3 倍那么多。因为已经有了视觉的造型，所以我觉得应该比口头说明简单很多，却不料……非常感谢助理还有各位的大力协助啊。

DESSIN #004

草图　插图：山本耀司

—— 好棒。是以这个草图来制作春夏的服饰吗？

—— 嗯，其实并不是。

—— 啊，这不是设计稿吗？

—— 画这个的时候打版师的工作已经开始了，大概是做成这个方向吧，这个草图就是在这个阶段画的。也可以说是成品的预想图。

—— 那最初是什么样的呢？

—— 乱写乱画的吧。布料的垂顺方式、重量感、表情、剪裁的想法、自己对于这个系列的期待等，都是为了向大家来表达想要的东西。我正好在做秋冬季最早的草图，要给你看看吗？

—— 是鸟的素描啊！下一季的主题是猛禽吗？

—— 最后是什么形态，我现在也不知道。

—— 打版师会觉得你丢给他们的是不可能的难题吗？

—— 不这么要求他也会觉得无聊吧。草图上有了脸、发型，穿的鞋子也很漂亮，这么一来形象就已经完结了。只要把画转换为造型就可以。那就只是翻译，而没有创作的余地了。设计图不是细密画也不是剧照更不是漫画。画得好也罢差也罢都没有关系。也可以说它是设计师与打版师的连接点。我这么说听上去很像是借口，但的确就是"不是这种，但类似这种的东西，您可以做吗？"

—— 看了这个之后打版师会怎么做呢？

—— 会在人形模特台上批上样布，摆弄布料，寻找大概的形象。没有挑战另类的热情是做不到的。将布料放在某个部位时瞬间爆发出的气魄，还有保留皱褶和垂顺的喜悦之情，如果无法传达这些内容的话，那他也不是好的打版师。衣服的前身、后身、袖子即便分开之后，也像人的小手指和耳垂一样有着关联，没有流动是不行的。联结它们的不是设计图，而是摆弄布料的手指、手掌和呼吸。

—— 那要如何抓住这种呼吸呢？

—— 只能等。头脑中构想的形态，在布的表情上显示出来的那一瞬。等着，来了。通过设计来引导造型的形成和根据布料的显现状态不断深挖下去，这两种情绪交替上升，最后才决定了衣服的样子。不能感动和领会摆弄衣料的意义的话，当然不会有"啊，这个有趣、那个好看"这样纯粹的反应。

—— 不参考过去的审美吗？

—— 因为我并不想制作完美的衣服。如果想要追求完美，那去敲高级定制的门就好了。能否抓住毫无下手之处的生物的尾巴，我觉得那才是冒险。

—— 这么一来，和草图完全不同的作品也……

—— 有经历原来的造型而后自行发生飞跃的衣服，也有自己飞到天空的衣服。达不到设计造型要求的也有很多。真正成功的衣服，草图对它而言只是单纯的窗口罢了，这种渐行渐远的过程才是工作的乐趣吧，没有比这更有意思的了。

—— 相隔着一块布料，是设计师和打版师的修罗场吗？

—— 所谓修罗场，总有人恶意拉扯，也总有好心温厚的人。互相竞争刺激才是作品的突破口。打版师真是不可思议的工作呢。有时候资深业者很有干劲做两个月也做不出一件来，也有年轻的新手只花了两三个小时就完成的。好的衣服真是一种恩赐呢。

—— 引导对方的秘诀是？

—— 预想布料最后形态的只有我。但正因如此我不能高高在上。打版师会以受赞美为目的去工作，但被赞美了却实际上什么用处也没有。打版师自己要和设计师一起对这个世界说些什么啊，一定要有这样的情绪。双方的精神年龄相近，接受时代的方式、状态、感觉一致的话自然就很顺利。不过即便如此，还是需要消耗情绪相互拉扯精疲力竭，是只有充满活力时才能做的工作，和摇滚乐一样。

—— 想要加入 Y's 的人是否需要这么考虑。

—— 等等。现在，我正在寻找可以和我一起胡闹一起工作的 30 多岁的打版师呢！

——像耀司先生这样打破固有观念的人，也不想去改变西装领吗？

——正在斗争中。时装设计师的工作用一句话来说，就是和定制式在做斗争。特别是做了十年洋装之后，肯定会想为什么还要加这样的东西，难道就没有别的方法？根本无法忽视这样的问题。但也会想，总归它还是很漂亮的。从开始正式认真做男装之后，我才开始真正明白，作为让头部通过的洞，西装领真的很棒。

——并不是纯形式上的？

——从职人技术性的方面来看，也会想要加上这样的宽幅。

——有必要性哦。

——是的，请想象一下圆形领口前开襟的简单款式。领口的部分会自然折成三角形展开对吧。这就是标签的原型。将对折起来的布绕着脖子一圈包裹起来，就成了领子。真的非常自然。如要添加变化，可以加上保护脖子的功能性，也可以加上看上去更体面好看的装饰性。不仅是细节，领子本身的重量、存在感也承担着重要的作用。没有了它的重量感，衣服就好像浮在了身体上方，感觉穿着也不舒服，脖颈没有防备，心理上还会觉得冷。西装领真是"完美完成的里程碑"。

——不能随意改变啊。

——它是在身体与布料的自然关系上成立的。如果说领子是"耳朵"的话，那"身体"就必须和领子在同样的风格中制作。袖子也是一样，在 A 性格的身体上是不能装上 B 的领子的。

——领子的种类也很多，不是还有一种假领子吗？

——用在装饰性上另当别论。装饰性领子和基本的领子意义是不同的。

——经典服饰上为何常见僧尼风格的白色领子。

——这和新干线的座椅套是一个意思。

——这比喻也太厉害了。那基本的领子和装饰性领子到底哪里不同呢？

——我把自然利用布料走向的领子叫作基本，而装饰性的领子则刻意停止了这种自然走向，加上不自然的饰品。我是这么解释的。

——那么什么是好的基本的领子呢？

——仿佛从肩颈点吸附在后颈般向上立起，再从后颈下方到腹部逐渐加大分量。还要在前胸前处留出一口呼吸的空隙。

——太难了。

——如果你有一百件衣服，最喜欢的领子大概也只有五六件吧。领子本来就是把里面的布料翻出来。没有反观内部的方法，就不会知道完成的样子。这就好像在扁平的东西上没法安上烟囱一样。向前方倾斜的头部，又要从哪个角度来把握。

——角度？

——也可以说是弧度。看过领子的版式就知道它有回旋标般的弧度。也和日本刀的刀背很像。将翻出来的衣料弯曲起来，就会吸附在颈部。这个弯曲就是领子的关键。是否需要用力折起？这仅有几毫米的微妙差别决定了领子的魅力、趣味。而衣服的第一颗扣子的位置，也是由这弧度决定的。

——太弯了的话呢？

——V 型就会变深，扣子的位置也会变得更往下。相反，扣子就会往上。

——身体和领子也要风格一致吧。

——虽有些不甘心，但我还是想说在拥有向传统之美下刀的技术前，不要随随便便去改领子。和技术无关，克洛德·蒙塔那 [Claude Montana]、蒂埃里·穆勒 [Thierry Mugler] 是改领子的人，而让·保罗·高缇耶、COMME des GARÇONS 则是不改的。

——耀司先生你是心中有数地运用它啊。

——西装领是精神安定剂。在提出全新的轮廓、分量、整体呈现方式时，在领子上我总会特意留下较为老式的设计。仿佛在说，不要害怕，这只是普通的衣服罢了。

——你说的是最前面那件灰色外套吧。还有第二张婚纱也是吧。

——我把一边的领子做了捧花。乍看之下它好像是件奇怪的衣服，恶趣味的衣服。我也没有刻意追求好品味。

——的确不知所云啊。重点在哪里？

——将大身延长作为领子遮住脸，再折翻下来。最后呈现出来的，是立起来的船形领口，既可以说是大身也可以说是领子，两者都是从大身里诞生出来。

COLLAR #005

衣领

摄影：山本耀司
助理：Takeshi Fujimoto[B.P.B]
发妆：Katsumi Nagatsuka[头部]
模特：Anette

PRISMATIQUE #006

棱镜

Clifford Coffin / Vogue ©The Condé Nast Publications Ltd. Dior / 1948

—— 之前在文化服装学院举行的弗兰斯·格兰[France Grand]的演讲，听说是由耀司先生你介绍的。

—— 是的。以前我在巴黎接受过她的采访。她对于我至今为止的服装作品的正确理解让我很吃惊。我收到了她访日的联络，所以想让学院的学生也听一下，就拜托了小池千枝院长。

—— 虽然题目是《棱镜的看法》[PRISMATIQUE]，但却是从文化、电影和社会现象中来观察时尚，观点之独特、表现力之丰富真是很棒。不过抽象的内容也很多，我没能全部理解呢。

—— 在她所身处的国家，评论这个工作已经达到了创作的水平，她自己又是站在时尚分析前沿的人。一个词往往会有两三种意思，还有背面的另一种意思。

—— 学院型的。

—— 不是，她是正统的时尚评论者。克里斯汀·迪奥、伊夫·圣·洛朗、让 - 保罗·高缇耶、蒂埃里·穆勒、Yohji Yamamoto，这些风格迥异的品牌，她都能说出为什么喜欢。法国本就是将时装作为语言的国度。不举办时装秀，也能一直讨论时尚。一整天都在咖啡厅讨论，话题和体力都不会枯竭，这种国民锻炼法太不一样了。

—— 所以评论的水平也高。

—— 时装周之后，我请她来点评。她的评论会挑战服装的表现，是非常直接地用言语来挑战。这也让我了解到，原来评论的力量能够决定时装能否与艺术同等，甚至将其提升到更高的位置。

—— 她是 IMF[法国时装学院] 的系主任吧。这个学校是精英教育，也是以培养顶级设计师而出名的。

—— 她是美术史的研究专家，在巴黎大学专攻地毯与纺织史，还在圣·洛朗和 Kenzo 从事过纺织品与饰品的进口工作，涉猎的领域很广。因为接触到各个领域的现在和过去，所以她可以指出设计师是通过联结哪些点来表现现代。

—— 和耀司先生的思维方式也有很多重叠的地方，我节选了演讲的一部分，请您帮忙解说一下吧。是关于时尚的解说。

"要对时尚做出审美判断，注意力是很有必要的。这种注意力，是被开拓的、被教育的，是所有手工业和知识劳动中最宝贵的部分。是无法被机械替代的部分"。[摘自演讲]

—— 注意力。

—— 她的话语里，这是我最喜欢的词——"Attention 、ici、maintenant"[注意，这里，现在]。在脑海中思考的、构图的、假设的都不重要。在 5 月号的 THREE WOMEN 中，我这么评价川久保玲："眼光独到"。这是最高的赞赏。创作行为的重要部分就是从拼命地看，集中注意力去观察开始。从知识层面，是无法诞生创造力的。

"在这个可能发生逆转的时代，耀司今天带给迪奥的影响不比迪奥带给今天的影响小。意外的关系和出现逆向式遭遇的情况，在这个空间里事实要比理论多得多。有理论的作品，就好像带着价格标签的商品一样。这是无法制造出好的时尚的。"[摘自演讲]

—— 我都开始头疼了。这是说耀司先生也影响着迪奥现在的评价，是这样吗？

—— 迪奥和我，可以说具有一内一外、双面互动的关系。

—— 理论上说，平行线般的迪奥和山本耀司品牌，现在，在这里交汇。而且，是从一瞥开始的。

—— 迪奥，可以说是职人与艺术家的集大成者。夯实制作的基础，在这之上再集合造型之能，将时尚导入规范。而且，看迪奥著名的修身衬裙的照片，我就想里面的部分一定是硬硬的吧。于是我就想挑战一下做个柔软的修身衬裙。或者，在大衣上试着使用迪奥式的细节。

—— 那件大衣，是由鸟的造型为出发点的吧。它将预想不同的东西很好地融合了起来。让人没注意到那是迪奥的领子。

—— 格兰女士是凭直觉来判断的，理论在后面。所以，很有意思。

"作家普鲁斯特把"一战"前的某位将领与他人军裤不同的红色称作'雅致'[chic]。这种微妙的不同，正是时尚的命门。"[摘自演讲]

—— 在格兰女士的演讲幻灯片中，她也把耀司先生的大衣红色的各自细微不同展示给了观众，应该是和普鲁斯特做了对比，意义格外深刻，让人佩服啊。

—— 通过衣服表达自己的审美意识。之前我所说的时尚就是语言，也就是这个意思。这中间重要的就是"微妙的不同"。所谓"先锋派"本来就是走在前面一步的意思。而并不是与之疏离，或言行过激。现实中无视自己的根本，思考行动异想天开是很简单的，但在现实中，让人稍稍偷窥到明天的答案和心动的感觉，这才是前卫的感受性。

—— 所以最重要的就是"现在"。格兰女士说"艺术的反响和位置，可能要到明天或是十年后才能清晰，但时尚是不等人的，是现在就会被评价的。"

—— 因为时尚在艺术中，表现了最强烈的感受性，所以我也想说，艺术情结什么的真是够了。让 - 保罗·高缇耶也是同样的意见。"让美术馆收藏自己的衣服，这真是要不得。那是时尚的停尸间。回顾展我也讨厌。我们做的根本不是衣服，我们是在制造时间。"一旦被奉为学派了，也就完了。

"时尚，是由脱轨和颓废华丽来制造的，时尚，从常识上来看，本就是脱轨的。"[摘自演讲]

—— 耀司先生也认为，和学院派一样，在良知中也难以孕育新的东西？

—— 请珍惜偏离轨道的、流氓般的情绪。这和法国电影的趣味是相同的。

—— 格兰女士和耀司先生，真是双面互补啊。

—— 也并非如此。只是要学会读懂他人眼光中的感受性并取其精华为己用。她棱镜般的看法，总会为我打开感性的大门。

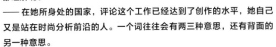

photograph : Nick Knight (1986)

—— 耀司先生的衣服，一般很少有圆形的颈部线条呢。

—— 因为我觉得做不好，我不想大家看见好像 T 恤一样的东西呢。

—— 而且好像多是遮起脖子的衣服。

—— 做的时候是不知道怎么样的。我的衣服的理论，不外乎就是衬衣、外套、大衣的理论。最重要的不是伸展的衣料，而是衣料的重量和垂顺性。和肌肤相衬吻合的织物的得体、美丽、韵味，这些都成不了理论。不知道在哪里会发现合适的手感，自然也就没法整理出理论来。而这也是我一直回避的状况。

—— 有颈部设计出众的品牌吗？

—— 索尼亚·里基尔 [Sonia Rykiel] 和 COMME des GARÇONS 就很不错。

—— 这两个品牌都是女性设计师呢。

—— 可能是皮肤触感不同吧，我现在重新发现。意识到女性挺胸抬头的魅力，并强调平纹编织接点的就是索尼亚。COMME des GARÇONS 也意识到了，但相反它不去挑战这种危险。而是踌躇地、羞涩地、悄悄地开了一个洞。这也很有魅力。

—— 是西洋和日本的差别吗？

—— 嗯，对拥有的美大力讴歌赞美，和与之相对的，虽然知道拥有却羞于积极地向他人展现。

—— 耀司先生呢？

—— 我的话，和处理一整块布一样，不会圆圆地包裹起来，而是以两肩的基点，从后脖颈的点连接到另一点。好像挂在绳子两端垂下的晾晒衣物一样，垂下的布和脖子，制造出的和谐，我对这些感兴趣。关于 T 恤，感觉好像有一个洞也不错，而不是特别意识到才去做的。

—— 那你讲究的部分是？

—— 我最在意的是一定不会让洞穴 [领口] 的表情一致。而是让它根据穿着者的不同，变化为或宽松或紧绷的状态。根据穿着时的情绪来变化也可以。不过即便这样说，索尼亚的圆形领口还真是漂亮啊，气人啊。

—— 别这样，别这样，技术上要怎么做呢？

—— 高度。做到什么程度露出的胸口才漂亮？真是到了极微小的计算的程度。而领口设计也是由肩部的倾斜角度来决定的。索尼亚用平纹织物完成高级成衣时，在肩线和领口的关系上，研究过深入抓取的方法。最无聊的就是，单纯像碗边一样缝起来的方法。要想怎么看都自然附在脖子上的话，就必须立体地考虑。

—— 索尼亚的 V 领也很漂亮呢。

—— 将布料拼接做出的 V 型，和在衣料上挖个 V 型是完全不同的。因为横向的牵引力会和保持 V 型的向下垂直力做斗争。圆形会完全吸收掉这些力量，但是 V 型在力学上是矛盾的。V 型越深越大，脱了之后就越难保持原型。索尼亚之所以能做得漂亮，是精心计算了编织物的张力和弹性的。

—— COMME des GARÇONS 呢？

—— 是像套头衣的领口一样不设防的设计方法，简洁纯粹。构想出来的时候就很棒。我觉得就算是让 - 保罗·高缇耶、克洛德·蒙塔那，或是阿瑟丁·阿拉亚来做，也绝对做不出来。原来，领口可以做成这样啊。会诞生这样的结论。精心计算可能做得到，但随性剪裁而来的，是预测不到的。

—— 很天真。我之前也说过索尼亚对于大腿的肌肉运动也很重视吧。如果说索尼亚的衣服是女人身上自己长出来的，那我觉得 COMME des GARÇONS 的衣服是基于某种哲学而诞生的。从没想过领口可以如此理性、精神性的存在。这种敬而远之的心情，我明白。

—— 因为我从没有把女人的身体和衣服两者关联起来。不是对着裸体的理想形象，让布料去服从。我只是想让衣服在身体上流动，创造这种流动和流畅。衣服就是作为衣服完成的，你们随意穿就好。

—— 耀司先生与衣服的距离感，就好像你自己与女性的距离感呢。离得太近觉得厌烦，疏离了又寂寞。

—— 大概是吧。

NECKLINE #007

领口 摄影：尼克·奈特

ROBE DE SOIRÉE #008

晚装　摄影：尼克·奈特

——从三季之前的修身衬裙开始，耀司先生的晚装就让人印象深刻。这次则是迪奥式的。

——晚装，在整个系列里面其实并不是特别重要。此次秋冬季的时装秀是由华达呢来做的。同样的面料也用来做了晚装。华达呢做的迪奥。

——比起晚装来，更重要的是挑战华达呢的可能性吧？

——全部按 TPO[根据时间 time、地点 place、场合 occasion 来选择衣服] 来做，对于设计师来说是否可行，我一直都很关注。

——但总会考虑的吧，穿着耀司先生的衣服的人，她们的烦恼之处。

——虽不能满足你们对保守毛呢的期待。但我觉得也没有什么必要都穿得像以前的王孙贵族一样。从聚会的角度来看，穿着和白天一样的衣服去赴晚宴好像也挺无趣的。添加些什么，稍微强烈一点的设计感，或者稍微繁琐一点的衣服，怎么都好吧。玻璃纱也好、丝缎也好，材质其实并没有关系。用日装的面料也足够了。只要能发挥出面料本身的美感就好。

——所以想说华达呢也好其他材质也都可以，对吧。

——多穿着现代设计师用新材料用心做出的样式和色调。如此一来，就可以领略这个时代的精华。应该就是这样吧。

——我总觉得晚装难以脱离高级定制的联想，所以一定要穿这样风格的。

——高定、古典音乐、歌剧。着迷于欧洲传统美学，并不是坏事。问题是，要以怎样的尺度去眺望欣赏。以即成的模式，一点也不做改变吗？被王室古董风格的家具包围着的生活，一定会窒息吧，会想自杀吧。对面是石，此处是树，生理上原本就很难亲近融合。从这个角度开始探寻符合日本人审美的东西就好，但却偏偏钟情于西洋绅士淑女的风情。或者在时代混乱的脑袋里臆想做个似是而非的、看起来就廉价却又沾沾自喜的衣服。这真是太奇怪了。

——与其说是自己的价值观，不如说向他人展示才是其目的。

——所以要在此向上进寻一步，晚装大概就是让人上一台阶的衣服。

——高定系列，最近也再次受到热烈关注了呢。

——我并不觉得自己拥有高定的实力。我们在巴黎的职人马克去看了高定时装秀，一开始他非常兴奋。引发议论的新人秀和中坚力量设计师的秀他都去看了。他说仿佛进入了另一个世界，好像电影《回到未来》那样。"气氛也好、捧场者也好，都好像停滞在几十年前一样没有变化，真受不了。"他说。

——耀司先生也被劝去做高定。为了仅仅一个人、仅仅一晚而做的晚礼服，你会怎么想？

——一件衣服经过三四个月的磨砺，却仅仅沐浴在几个小时的华丽灯光和人们的目光之下就完结。所以穿的人就算是猪是傻瓜也都无所谓。造物的职人最喜欢的是这一点，最讨厌的却也是这一点。这件由一辈子都穿不上的人做出来的衣服，作为"物"本身也一定会有缺陷，对吧。我讨厌没有怀疑的事情，因为那样没有了自由、发展、飞跃，会让人苦闷。象牙装饰、刺绣、雕花玻璃这种，被称为极美的手工艺品，其大半都是在这种牺牲下制作出来的，即便职人自己没察觉。但在美术馆、博物馆可以感到这种空虚。让马克感到惊恐的，应该就是这个。

——那，您回绝了高定了。

——我想在春夏季制作穿着更舒适的服装。但我非常喜欢最近的 Yohji Yamamoto Pour Homme[男装系列]，难以从中脱离很苦恼呢。

——加油。

——让 - 保罗·高缇耶、我，还有川久保玲如果不在了的话，成衣时装周会变无聊吧，为了这个我必须要坚持吧。

——话说，您的圣诞节是怎么过的呢？

——我小时候不是一直住在新宿歌舞伎町嘛，看到小酒馆里唱着 JINGLE BELLS、戴着三角派对帽的公司职员连领带都乱糟糟的，所以很讨厌。因为我这种个人的反感，所以融不进去圣诞气氛。年末年初，我都讨厌。

What Happened on?

JAMIE MORGAN
音乐家 [歌手]
COMME des GARÇONS

杰米·摩根

1959 年 4 月 29 日出生于英国。
以广告摄影师身份出道，现在却以
音乐人身份发布专辑
WALK ON THE WILD SIDE。

PHILLIP BUTCHER

音乐家［贝斯手］
YOHJI YAMAMOTO

菲利普·布歇

1958 年 5 月 15 日出生于英国。
拥有丰富乐队经验。主要作为贝斯手而活跃着，
同时也发挥着作为作曲家、制作人、工程师的不
同才华。
随英国流行乐团的世界巡回演出，
于 1987 年 4 月访日。

6·1

THE MEN

COMME des GARÇONS & YOHJI YAMAMOTO

撮影：广川泰士

第一个蹦上舞台的是约翰·劳瑞 [John Lurie]。以前他曾吹嘘说："我一整天都把自己关在房间里吹萨克斯，是个隐士呢！"可就是这样的男子如先锋队般蹿了出来。也难怪，他走路的样子就像是个不问世事的人，抬着头慢吞吞像个蜥蜴。正因为知道他对于工作有多挑剔、多严格，所以看到他的登场格外让人感动。

之后的情景就像猛兽出笼般接二连三。虽然我并没有成为入境审察员的打算，但还是很想搞清楚他们到底是何方神圣。他们是一群仿佛自己是唯一一个降临到地球上的生命，而全身心散发愉悦之情的男人。前卫鼓手唐·谢里 [Don Cherry] 好像喝醉了一般摇摇晃晃地走着，最后真的坐了下来。丹尼斯·霍珀 [Dennis Hopper] 则像是从地狱归来的男人，他带着他那特有的安静走着，仿佛自己走在朝圣之路上。

这些男人边走边互相错肩而过，他们交换目光、拥抱，交错间仿佛还有惜别。这真是一番非凡的光景啊。他们任何一个，都不是完美无缺的，但没有谁是以妥协安逸的方式活着。一个人站着，手上没有任何武器，为了不明的战果而与世界对战。有名无名都不重要，就算有观众自行上台，他们大概也不会发什么牢骚。这个舞台，成了为人类尊严和自由而战斗的所在。

这些男人们看上去仿佛是星期天清晨穿着隆重的外出衣服而羞涩腼腆的少年。他们的动作各随己意，让衣服随之配合着，他们也跳着笨拙的舞蹈，仿佛想让衣服能尽快成为自己所独有的东西。这是一场将男人与衣服合二为一的原始仪式。

时装，不再仅仅限于时装的范畴了。被迫穿着一样的衣服，强制过着同样的生活，对着这样的事情吐着口水。离开群体，活下去。献出全部精力，作为利己主义者活下去。然后，无论发生了什么都坚持活下去。这件衣服，这么吼叫着。不，它对着全世界，这么吼叫着。 撰文：佐伯诚

佐伯 诚
编辑、作者、采访人，
在艺术、音乐、影像等方面造诣颇
深，有自己独特的审美观，1991
年成为新版 *Mr.high fashion* 的特
约撰稿人。2009 年起在文化学院
担任文艺讲师。

EDGAR WINTER
音乐家 [歌手，吉他手]
YOHJI YAMAMOTO
埃德加·温特

像风般前行的埃德加·温特，大胆不
羁的表情与态度里，可以窥视到难
以隐藏的天真和敏感。那幅略感无
措的样子，正是艺术家固有的感受
性的集合。

DENNIS HOPPER
演员，制片人
COMME des GARÇONS
丹尼斯·霍珀

丹尼斯·霍珀风风火火地走在舞台上。
几乎感觉他是要打开舞台上的大门
一路向外走出去。带着老板威严环
顾左右的眼睛，也好像是对观众充
满义气的回礼示意。

合作：The Hopper Art Trust

反形式主义所表达的东西。

"无论是作曲家还是设计师，直到创作的最后一刻还在不断更改答案，而完成的作品却必须给人以冲击力。这是作曲家和设计师之间共通的一点，而我和耀司的共鸣更强烈。已经放弃了形式的人，不会参考即有的概念，其作品的提案也很特别。耀司就是这么做的。所以他的衣服很具冲击力。" 1965 年，约翰·凯尔、娄·里德 [Lou Reed] 和尼科 [Nico] 组成了神话摇滚乐队 —— 地下丝绒乐队 [The Velvet Underground]。古典音乐出身的他们却和时代宠儿安迪·沃霍尔 [Andy Warhol] 一起，在前卫的最前线向社会投放了反道德的炸弹。凯尔所说的 "放弃了形式的东西⋯⋯" 这句话本身就带着和山本耀司如出一辙的、不可动摇的说服力。凯尔满溢着神采的眼睛，一次也没有露出过的笑脸，穿上山本耀司的衣服之后越发显得轮廓分明，甚至让人产生出某种崇敬之感。他又想在这场时装秀上表达怎样的信息呢？ "这是耀司的问题了。我只是穿着他的衣服行走，仅此而已。耀司选择穿着的人，我也答应了参加耀司的时装秀。这就已经决定了一切。所谓信息，就是这些吧。" 前卫恐怕已经成为了无比纯粹纯洁的东西。1991 年 6 月 1 日，约翰·凯尔在舞台将它展现了出来。

JOHN CALE
歌手、作曲家
YOHJI YAMAMOTO
约翰·凯尔

"山本耀司什么要求都没提，
他懂得音乐人的敏感，他唤起了感性。"

CHARLES LLOYD
音乐人 [萨克斯乐手]
YOHJI YAMAMOTO

查尔斯·劳埃德

"歌手应该能完美歌唱吧。
但若向塞隆尼斯·孟克 [Thelonious Sphere Monk] 提问的话，
他却会这么回答：'唱错了才好。'
这样的回答需要勇气，耀司也正是如此。
不管谁穿上耀司的衣服，都能完全显露出他的个性。
你明白我的意思吧。"

内心柔软的浪漫主义者。

撰文：相仓久人

近乎全白的头发，刻画了岁月痕迹的棕色面庞……和这一切格格不入的是，仿佛要装扮成坏大叔模样的全黑时髦太阳眼镜，让人叫绝的色彩搭配，威风八面的花花公子。
即便如此，他也毫不做作，热情地和左右的观众打着招呼，身姿轻盈从容阔步走在舞台上的感觉，完全看不出是第一次登上 T 台的临时模特。不过这也理所当然，撇开模特体验不说，他可是在舞台上演奏了 30 年的老前辈啊。
查尔斯·劳埃德，是 1960 年代无人不知的、评价极高的萨克斯手，爵士乐的领军人物。
1968 年他带领自己的乐队第一次到访日本。当时我一路追着在东京演出结束的他，从名古屋到京都，在新干线上采访的情景现在还历历在目。6 月 1 日在明治神宫泳池 COMME des GARÇONS 与 YOHJI YAMAMOTO 的联手合作，我是在电视上看的，一边看，脑海一边浮现出 23 年前的画面，如回放镜头一般。
1968 年以美国西海岸的旧金山为中心，出现嬉皮士反战和平运动"Flower Movement"、"Flower Power"的高峰期。他们通过药物迷幻、花饰造型以及向士兵的枪管里插入鲜花等方式表达"Love & Peace"的诉求，那是个飘荡着特殊气息的年代。

我并无意深入分析当时的情况与局势，但当时还有一个以黑人学生和活动家为中心的，更过激的"Black Power"，它和"Flower Power"间有着相当大的差异。但就是在这么复杂的事态中，查尔斯·劳埃德依然超越了自己的肤色，在白人嬉皮士与鲜花一族中都拥有了众多的粉丝。
他踢飞打破了"爵士 = 音乐"的这一前提，而对于当时正一心一意地追求着"过激性"的我来说，这些事情让我成了查尔斯绝对忠诚的铁粉。他从心底里爱着黑人音乐的根——蓝调，他是将自然的恩惠，以及人与自然的和谐，借由表情丰富的音乐与旋律从容不迫地唱出来的，内心柔软的浪漫主义者——他的音乐魅力在当时、在今天，都能享有这样的评价吧。
过去的 20 年间我已经脱离了爵士乐，而这段时间里他在哪里过得如何我也一概不知。从没想到会在这么一场时装秀上遇到作为模特的他，即便已经经过了 20 年，但他那份温柔的浪漫主义气质却似乎历久弥新，让我明白一切都没有改变。
这么说来，他变成了一个"好大叔"呢！

安静的，人生冒险家。

撰文：大林宣彦

山本耀司和我的会面，只有过一次。但现在想来，这已经足够了。我现在北海道，和以往一样过着与电影相关的每一天。此次 YOHJI YAMAMOTO 的时装秀，对我来说仿佛是发生在遥远国度的事情，但在这澄净到让人窒息的北国阳光下，想到耀司先生，想到他对我来讲是多么亲切、亲近的一个人啊。

介绍我们认识的，是我们共同的好友高桥幸宏，就是那种亲密的友人将他亲密的友人介绍给别的亲密友人那种。那个特别的夜晚，我被小小的紧张和大大的幸福感所围绕，赶往他们正在等我的东京市区的某俱乐部。电影《人猿泰山》的主演，也是前奥运会游泳冠军曾酒醉后跃入这里的泳池，因为这么一段奇特的传闻，所以前去造访的心情是爱赶时髦的我所喜欢的，这一点和那天晚上的气氛也十分相符。

那个特别的夜晚的会面，其实并不是事前约好的。正巧幸宏先生和耀司先生两个人在那里，而我则在他们附近的地方。知道这一情况的幸宏给我打了电话："你过来吗？我现在正和耀司先生在一起。"不过对耀司先生的邀约，却是我和幸宏先生很早以前说好的，只是一直没有机会实现。

我赶到的时候，幸宏先生和耀司先生似乎已经聊了好一会儿的样子，屋子里飘荡着温暖的空气，甚至舒服得有一点点让人感到倦怠。我们随意却又认真地挑选了一瓶上好的红酒，三人面面相觑端着酒杯："那就干杯吧。"

那一晚，我们之间到底进行了怎样的对话，说实话我已经完全记不得了。耀司先生那晚的确还有其他的约会，他特意延迟了那边的时间，和我聊了一个小时才道别"那我就先走啦。"那之后，我和幸宏先生则和以往一样将酒喝完才回去。

那真是一个无比充实的夜晚。比那晚的红酒更上乘的、更有品质的是那些似乎轻松却又是经过慎重思考后说出的话，它将我们团团包围。人们通过语言来思考自我，期望向谁传达，尽可能不伤害到对方，互相谅解，期望能够获得幸福。我觉得那一夜就是，完美实现了这一人间奇迹的一夜。对我们来说，肯定都是对彼此非常重要的一个夜晚。

人无法从言语和意识中逃脱。思考、意识、行动、表现，越是如此，在自己与他人的关系、自己与不得不生活下去的时代的关系中，人就会变得越来越不自由，互相伤害，制造不幸。但是，只有当它成为了自己存在的理由时，就能看透意识地狱，以及困惑、怀疑、疯狂，只要坚持正直、勇气，坚持自我，就能发现自己能从中重新获得自由，遇到最幸福的时刻。

山本耀司先生，是自我表达的专家。而我，在那一晚也确确实实从他那里得到了一种幸福。

山本耀司先生的时装，把无限的自由给了被意识和时间囚禁身体的我们。从语言的束缚里解放出来的语言，大概是最幸福的语言了。

山本耀司先生，是一位充满魅力的、安静的人生冒险者。

MARTIN BENEDICT
歌手［Curiosity Killed The Cat］，26，英国

PAUL RUTHERFORD
歌手，31，英国

JIMMY HAYCRAFT
鼓手，26，英国

RICHARD MANNAH
吉他手，32，英国

CLAYTON TUCK
歌手，吉他手，30，英国

TOSHIYUKI TERUI
贝斯手［Blankey Jet City］，27，东京

KENICHI ASAI
歌手［Blankey Jet City］，26，东京

EDGAR WINTER
歌手，45，美国

ANTHONIN MAIREL
歌手，25，法国

PHILLIP BUTCHER
贝斯手，32，英国

HJI YAMAMOTO

CHARLES LLOYD
萨克斯乐手，53，美国

JULIAN GODFREY BROOKHOUSE
贝斯手 [Curiosity Killed The Cat]，28，英国

YASUNORI MIHARA
吉他手 [Paris – Texas]，27，东京

WILLIAM MAGNAJI
歌手，24，英国

DENIS LAURENT
鼓手，28，法国

STEVEN BROWN
吉他手，31，英国

BRUCE SMITH
音乐制作人，30，美国

STUART MURRAY FRAME
吉他手 [Curiosity Killed The Cat]，26，英国

MIGUEL JOHN DRUMMOND
鼓手 [Curiosity Killed The Cat]，27，英国

JOEY STARR
说唱乐手，24，法国

LUCIEN M'BAIDEM
说唱乐手，22，法国

YUKIHIRO TAKAHASHI
音乐人，39，东京

FRANK MAMILONNE
萨克斯乐手，32，法国

JOHN CALE
歌手，作曲家，49，英国

DANYCE BARABANT
Yohji Yamamoto Press，26，法国

HARUOMI HOSONO
音乐人，44，东京

SILVAIN CHAUMONT
吉他手，29，法国

WILLIAM STRODE
作曲家，31，英国

OTTMAR LIEBERT
吉他手，32，德国

TATSUYA NAKAMURA
鼓手，[Blankey Jet City]，26，东京

男人的"古怪"或是"有趣"。

撰文：小岛伸子

一组深蓝色的西服出现了。男人们，变得更加野性又充满跃动。因为全部都是音乐家，身体脉搏里都奏出旋律，并转化成了微妙的步伐。约翰·凯尔、查尔斯·劳埃德、埃德加·温特等人到了中年之后越发帅气。Blankey Jet City 三人组的凌人气势，高桥幸宏、细野晴臣二人组的恍惚发呆，倒也完全不输旁人。衣服是毕加索和黑人风的嵌花外套，化作美人鱼的玛丽莲·梦露双面大衣，随着时装秀的推进，乐趣也在加速上升。

山本耀司说："没有乐趣，就不是男人的衣服了。"他是五年前开始这么认为的。"这大概是没有意义，不知所云的魅力吧。被展现出来的杰出作品中，总有些古怪。人生在世，要在完成了某些纠结事态之后，才会看得懂一些事情。在法国，人们把这叫作与众不同之处。即便身无知识与技能也能感动的，才算得上一流；不学习就无法理解的，那是二流。所以我想如果能制作奇怪的、有趣的、没有意义的东西就好了。"这么说的话，参加演出的音乐家们，也都可以归类到与众不同的类别里了啊。"哈哈哈，因为都是些奇怪的家伙吧。选择音乐人，就是因为容易聚集到形形色色的人物。衣服差不多就是让他们穿成这个样子的，试穿一结束，周围的工作人员就都带着笑意，最后都忍不住笑了出来。让男人想到'就这么定了'的同时，伴随着'好奇怪'的感觉也不错。只是漂亮或深沉就太无聊了。"那，所谓型男的条件是什么呢？"首先，必须明白 A 级与 B 级的品位。然后让漂亮与俗气、好品位与愚笨同时并存。全身都是 A 级就不帅了。《虎胆龙威》里的布鲁斯·威利斯总是以酷酷的表情说着蠢话，让观众觉得，他为什么会这么倒霉啊。这一点实在很可爱。太年轻，也不帅。反而是头发稀少、细胞衰老了人才开始有型。"这么一来，年龄、身高、品味，都不是决定因素了。"还有一个重点是，有人想要此时此刻变得帅一点，仿佛这件事是可以被当作计算一样的人生，这可不是能盘算的。"而是自然而然获得的。幸运之时不幸之时，都是人生的乐趣。在酒店套房饮用冰镇的香槟也好，在街头落魄用最后的零钱买来的啤酒也罢，在破碎的镜子里对着自己苦笑，仿佛整理领结般处理负面和消极，梳理好日渐稀疏的头发，这才是相当有型的男人。由音乐人传递的快乐，是由他们自己的双手接受的人生的快乐。它是严峻的，但也是值得的。走在 T 台，也能够感到忘形入迷非常有趣，这就是乐在当下的态度，是某种程度的华丽主义。思考一下男人的某种紧急状态。比如说战斗机的飞行员，即便是他们也有享乐的闲暇吧。"我看过美国战斗机的照片，有那种 Nose Art，也就是在飞机的鼻子部位画画。画的都是女朋友啊、性感女郎什么的。男人在生死一线的时候，无论如何想要画下来的也就是这些嘛。好笑吧。我觉得把那个图贴到皮夹克上就很可爱。"这是 1940 年代风格的空军上衣和海报女郎。与其遵守这个世界的规则和价值观，变得严肃认真起来，倒不如笑笑就好了。从 Yohji Yamamoto 的时装秀中得到的，也许就是因乐趣而改变外形，柔软的反叛精神。

LUCIEN M'BAIDEM
说唱歌手
YOHJI YAMAMOTO
吕西安·班德姆

JOEY STARR
说唱歌手
YOHJI YAMAMOTO
乔伊·斯塔尔

站在舞台两端的这两个人，
有着硬派的不良少年般的纯净感。
雪白的衬衣和灰色的长裤，
让沉默的他们显得气质独特。

September 1991 / photograph : Taishi Hirokawa

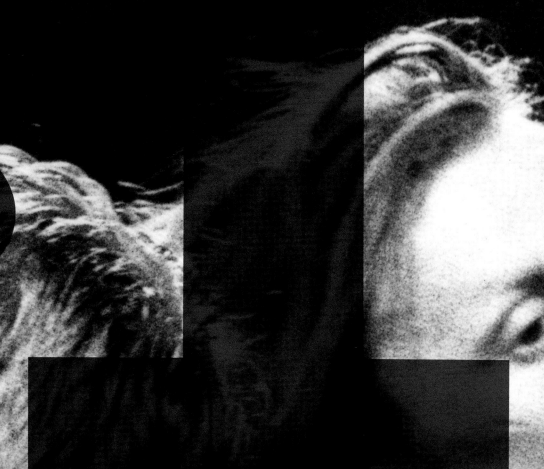

Wha ed on?

YOHJI YAMAMOTO PRINTEMPS-ÉTÉ "BACKSTAGE"
PHOTOGRAPHIE: MARK BORTHWICK

1996 巴黎春夏高级成衣发布会。 摄影、拼贴设计：马克·博思威克 [Mark Borthwick] 撰文：小岛伸子

时装发布和流行，仿佛是一对放进了同一个盒子又扎上缎带的杯子。但山本耀司首先就把缎带拆了。流行其实只要跟随主流就是安全的，但他却偏偏要去挑战急流。这种超越了流行散发光彩的 Yohji Yamamoto 的品牌魅力到底从何而来？他的 1996 年的春夏时装系列，也可以说是众多尝试的集合。日本主义之后，他开始着手原本禁忌的正装西服。不定顺序的即兴演出，启用了 Linda、Naja、Kirsten、Amber 等超模。"时装秀是衣服与模特的双重奏，如果只是让模特穿上安心的衣服的话，那不会有任何新发现。"山本耀司这么说。1995 年 10 月 14 日，在巴黎的 PAJOL[法国国铁仓库] 进行的时装发布，我们尝试在平面媒体上再现当时的现场和后台。这也是时装名义下的冒险。

左页：胸前的开襟是轮廓鲜明的西装领背心连衣裙。越是简单的设计，想要穿得有型，就越需要个性。模特是 Kristen。
右页：马上就要登台的 Mina。她穿的是七分袖怀旧感的华达呢质地西装领外套。

不采用常规的方法，
而是弄成褶皱的样子，
一次叫作"同一精神，同样的
女人"的实验。

时装秀最后一幕出现的棉质白色
T恤。强调胸前巨大的蝴蝶结的
"Big Bow Shirt"［图左、右模特］，
后背镂空的棉缎变形 T恤［图中
间模特］。为裙子曲线增添华丽装
饰的帽子是平田晓夫的设计。

Yellow   Whats   Her
NAME

?

时装秀是衣服与模特的双重奏
如果只是让模特穿上安心的衣服的话，
那不会有任何新发现。

左页，在本次时装发布中云集了
众多模特，但其中也有仿佛精灵
般出现的新人模特 Audrey。
右页，后台忙乱的模特们。西
服、连衣裙、短裙，简约设计
的关键点就是美丽的款式和身
体。Stella、Janine、Mina、
Kirsten、Shalom 等模特在正式
登场前的调整。

YOHJI YAMAMOTO

没有设定出场衣服的顺序

——1996 年春夏服装发布，好像是有意识地进行了一次实验。首先，展示的方式是怎样的？

山本：衣服说起来很简单，就是白天工作时的穿着和傍晚以后切换为鸡尾酒宴会的穿着。在发布会整体的流程中，我不想和往常一样先展示西装的部分，然后再换到鸡尾酒会服装的环节。我把短裙、出门穿的衣服 [town wear]、西装都弄得皱皱的不成样子的展示出来。因为这全部都是同一个精神，都是同样的女人。初次尝试了这样的实验，的确很复杂。没有设定出场顺序，换好衣服了就出场，所以后台乱作一团。

——时间上没有空白吗？

山本：比预计多花了 10 分钟。音乐也是金属音乐，所以听起来像滚动播出的吧。

——以为要以裙子终场呢，结果西装又来了。

山本：衣服没有上下关系。丝绸的裙子和棉质的西裤都是衣服，这是我一直在思考的主题，所以也就这样作为了发布会的主题。其实我还想在观众席派发咖啡，能做成透过咖啡馆向街道眺望的那种氛围就好了。

——东京的发布会也会准备这样吗？

山本：当然。

——您原本不喜欢夸张吧。

山本：高定这个，一直是让我挂心的问题。

——说是因为会场的原因取消了。

山本：在巴黎我希望记者和买手来看，但是在东京我希望学生也来看。不过不是大型会场时装发布的话，意义就会减半。我也很遗憾。

对于西服的挑战

——有很多是迄今为止没有的西服。很简单但很漂亮。

山本：西服是 19 世纪、20 世纪无论哪个设计师都可以做的传统服饰。也是我以前根本不想做的，毫无兴趣的品类。

——也有一边抵抗，一边开玩笑做的吧。

山本：之前并没有认真着手过。换句话来说，由我来制作不装腔作势的正式的西服会是怎样呢？我想要挑战一下。所以，就有了"主题就是西服吧！"

——制作时，最要紧的是什么？

山本：在我印象里，如果有某一个造型被指定是女性的完成式的美，那它的模版就是西服。迪奥的西装式外套那般，无论什么体型放进去，都能成为既定的样式，像盔甲一样。依然是有高胸、细腰，在臀部膨开，女性美的典型样式，要怎么样组合才能有新的发现呢？只要继续设计，就没办法无视、就没办法回避。大概就是手持一根针

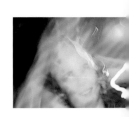

山本：但到了做西服的时候，就不得不夸张胸部的扩形和腰部的纤细，我对那个部分是有兴趣的，因为那是很难做的部分。

——没有任何多余的设计，感觉像功能性十足的优雅的工作装。

山本：完全可以作为工作装，有意识地想到了办公室。简单来说，应该是纽约。设定的形象是不被流行动摇，高级管理层的女性。

反潮流

——不追流行……

山本：这也是我将西服作为主题的一个理由。流行已经变得太清晰了。明年夏天会变成这样哦，1950 年代、60 年代、70 年代和 20 年、30 年前的，复制、精选，这样的时装很流行。"真讨厌，我要做最不流行的衣服。"这是一种故意任性的想法。而西服这个单品，让我产生了极简主义的感觉。

——大多是外套和短裙呢。

山本：我不去做搭配。全裸着穿上短裙和外套就可以出去。最低限度的必要，和流行及其他都没有关系。这也是西装拥有的、我喜欢的元素。不露骨地表现设计上或是灵感上设计师的傲慢，因为这本是一项内部工序繁多的工作。

——请您说得详细些。

山本：从外人来看是不明所以的，但其实西装需要做的工作很多。领子的形状、肩倾斜的角度、肩垫、收腰的位置、衣服的比重……因为强调和关注了这些，所以后来有点像西服时装店的发布会一样了。

——有了这样的工艺，不是可以做高定了吗？

与怪兽对峙的状态。

——那这次可以说是想要进攻西服"大本营"哦。整体上八成都是西服。其中的变化是怎么完成的呢？

山本：我的服装系列制作中有三个制版的行家。三个人都根据我给的形象各自分头工作。因此会有三个原型，之后再朝一个方向统一，或是索性自然地展示出三个不同的方向。三个人都做了拼合的衣服，所以我这次就不插手，让他们成为顶梁柱。一个略显松弛的，一个建筑风格的和一个时髦的，自然地融汇在了一起。

衬衣游戏

——和西服相比，衬衣显得比较复杂了。

山本：西服的旁边就是希望出现衬衣。如果只是简单地制作男式衬衣那样的话太无趣了。所以工作的重点是将衬衫点缀得更女性化一些。白衬衫和西服，是基本里的基本。西服简单化了，就用衬衣来游戏吧。

——印花也是在游戏吧？一直到裙子的花朵、波点印花……

山本：只有手工印花才能做到让印花图案有了生命。一直看灰色、深蓝、黑色，眼睛会累吧。花纹图案也是让眼睛休息下来的一个"服务"。

——继日本主义后，击破原本禁忌的这次实验、挑战，你觉得胜负如何？

山本：嗯，判为优胜吧。

——巴黎的观众说，这是继阿玛尼 [ARMANI] 之后有了西服的新提案。所谓新的标准也好，能成为成年人的时装就好了。

山本：还远远不够。之后也还会继续做西服，是继续深入，还是颠覆，我还不知道。

YOHJI YAMAMOT

 %

A
B BOY
C AT
D
E FOR Elysee → A MONTMARTre
F
G ? girlS
H homme
I I WAS THAN X
J Jevdi 25
K to many KILLos
L Lick
M AN MAN OR MonTmarTre Minnie mouse IS
N Nathalie
O — pen
P PARIS
Q ?
R No Non SenCe
S twenty FIVE OF January 1996
T v tVRns NO v tVRns UPSIDe DOWN in
U YOHJI WATER Is SOFT On my Way to TOKYO
V RAY
W
X → Yohji menS Show ::
Y
Z thatS SISSy

'96-'97 AUTUMN-WINTER COLLECTION.
18:30 THURSDAY 25 JANUARY 1996
ELYSÉE MONTMARTRE:72 BOULEVARD ROCHECHOUART 75018 PARIS

12 15/16 ✕ 10 1/4 ✕ 3/4 inches（33✕26✕2cm.），70pages
photographs, words & binding: **MARK BORTHWICK, 1996 PARIS**

1996-1997 男装秋冬发布会。 摄影、撰文、装订：马克·博思威克

1996 年 1 月 25 日周四下午 6 点 30 分，以《男与女》、《午夜牛郎》的电影配乐为背景，YOHJI YAMAMOTO POUR HOMME 的 1996 – 1997 秋冬发布会开始了。会场是巴黎的 livehouse 音乐酒吧 Elysee Montmartre，集合了约 1100 位观众，在热烈的气氛中发布会开始了。山本耀司自认为是"阔别1991 年海湾战争期间举办最大胆敢为的 1991 – 1992 年秋冬时装发布会以后，好久不见的最具张力的演出。"新锐摄影师马克博思威克拍摄了照片，并自己编辑了这一册记录集，在三月初寄到了编辑部。

[马克·博思威克制作的记录集一共 70 页，在白色绘画纸上剪贴了黑白和彩色照片的拷贝，用麻绳装订而成。有趣的字体在页面上添加了笔记一般的词汇，仿佛在剪剪贴贴关于发布会的片段印象。]

nagase,

IN YOHJI YAMAMOTO POUR HOMME '96-'97 AUTUMN-WINTER COLLECTION.

永濑正敏和本木雅弘，两位知名的日本人。

永濑正敏和本木雅弘，这两位兼具人气、实力和话题性的知名日本人，参与了这次的发布。
两人都是 175 厘米左右日本人的平均身高，但即便如此，在身高有 180 厘米以上的高大的外国模特中，他们依然具有特殊的存在感。
无论是走在舞台上的姿势还是态度，环顾观众席的眼神，还是穿着衣服的韵味，都在闪闪发光。

人造毛皮和尼龙，有着化学面料的质感和色彩，过分地混合在一起，组成了这修身的长大衣。
黑暗狭窄的空间里，马克有意地用闪光灯照射，来引发服装的魅力。静静地站着的本木雅弘和大幅动作特别上镜的永濑正敏，这两人的组合充满对比又有着绝妙的融合感。
如果由这两人出演电影的话，效果究竟会是怎样的呢？

50

motoki,

nagase, masatoshi

走上舞台一定会先正面向前等待 3 秒，这是为什么呢？
一、二、三，弯曲手指给你看，或是拿出打火机之类的小道具，
身体里都是灵光，非常纤细、非常具有瞬间爆发力。[山本耀司 谈]

撰文：佐伯 诚

拿着小道具，一旦对着镜头，就开始发光的永濑正敏。
平时的温和眼神，也马上切换到充满张力的强硬面孔。
画面里永濑的集中力，应该是天性如此。

永濑正敏 演员。1966 年宫崎县出生。1983 年，在 17 岁时主演相米慎二导演的电影《半途而废的骑士》进入演艺圈。1989 年，在吉姆·贾木许 [Jim Jarmusch] 导演的《神秘列车》中，以精湛的演技在演艺圈获得一席之地。1991 年，凭借山田洋次导演的《儿子》获得日本电影学院奖最佳男配角等诸多奖项。并参加了弗里德里克·索尔·弗里德里克松 [Fridrik Thor Fridriksson] 导演的《冷冽炽情》，霍尔·哈特利 [Hal Hartley] 导演的《招蜂引蝶》等众多国外导演的电影。

motoki, masahiro

完成了那么多过剩事情的他，反而压抑了自己只是站立着。
完全就是模特附体。反倒这样也很有趣吧。
他知道自己只要出来就会引人注目，所以在这方面可谓非常"禁欲"。[山本耀司 谈]
撰文：佐伯 诚

本木雅弘 演员。1965 年琦玉县出生。1992 年在由冈野玲子漫画改编、周防正行导演的电影《五个相扑的少年》中担当主演，确立了演员的存在感与不动的地位。之后，出演众多的电影、电视剧和广告。并在电视广告中因为固定的角色扮演而深受关注，令人印象深刻。近作包括主演电视剧《坂上之云》[2009 – 2011]、《命运之人》[2012]。本木雅弘主演，由泷田洋二郎导演的《入殓师》[2008] 成了日本电影史上第一部获得美国奥斯卡最佳外语片奖的作品。

动作、肢体、音色、外形，所有的一切都充满性感欲望，本木雅弘作为日本人有着很不一样的魅力。
马克拿出相机对着他时，他拿出一张纸用黑色墨水笔写下了"Yohji"。
在巴黎，他没有让感情直接散发，而是安静沉稳地传递出仿佛澄清湖水般悲伤的美。

MODELS
IN YOHJI YAMAMOTO POUR HOMME '96-'97

name : BARTABAS
occupation : ACTOR & PRODUCER
age : SECRET
race : FRENCH

name : ANTON CORBIJN
occupation : PHOTOGRAPHER
age : 40
race : DUTCH

YOHJI YAMAMOTO POUR HOMME 的男模们。

在 YOHJI YAMAMOTO 男装
发布会上，有着不同年龄、
职业、国籍、不同资质履历的男性登场。
有像小熊维尼那样可爱的年轻人，
也有像雅克·塔蒂 [Jacques Tati]
那样爱捉弄人的中年男人⋯⋯
这场发布会，充满了如同翻阅人物
百科字典般的乐趣。

name : TONY CORSIN
occupation : GÉRANT SOCIÉTÉ
age : 50
race : FRENCH

在会场内白色瓷质墙砖前，
以及在会场周围所拍摄的，真实的"男模们"的肖像。
11／12 左 Bartabas, Zingaro [舞马剧坊] 的创始人、演员，年龄秘密，法国
11／12 右 Anton Corbijn, 摄影师，40 岁，荷兰
53／54 右 Tony Corsin, 企业主管，50 岁，法国
15／16 左 Déudé Aimé, 多媒体艺术家 [Popy Moreni 的丈夫]，42 岁，法国
3／4 左 Mark Brusse, 雕刻艺术家，58 岁，荷兰
3／4 右 François Guillot, 心理学家，31 岁，法国
13／14 右 Arthur de leu, 音乐家，28 岁，法国

AUTUMN-WINTER COLLECTION.

name : DÉUDÉ AIMÉ
occupation : MULTI ARTIST
age : 42
race : FRENCH

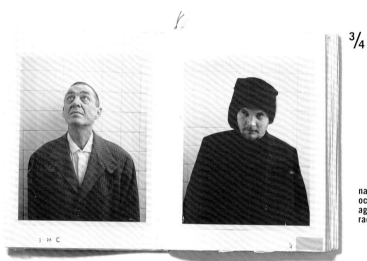

name : MARK BRUSSE
occupation : SCULPTOR
age : 58
race : DUTCH

name : FRANÇOIS GUILLOT
occupation : PSYCHOLOGIST
age : 31
race : FRENCH

name : ARTHUR DE LEU
occupation : MUSICIAN
age : 28
race : FRENCH

SPECIALITY 撰文：佐伯诚

那是很久以前的事了，在看采访让·热内 [Jean Genet] 的影片时，他的房间给我留下了很深的印象。里面只有一张看起来很硬的床，没一件像样的家具，墙上只有一扇小窗，立刻就会让人联想到监狱。看到如此荒凉简陋的屋子不禁会产生不忍直视的悲伤情绪，但是现在我却有了完全相反的感受。对于能用虚空的言语构建出巨大寺庙的诗人，无欲无求和空无一物才真正与之相称。要说煞风景，应该是那些出格的所谓光彩夺目的东西吧。我和山本耀司谈到此处时，他马上翻然地点了点头。

完全没有想到，住在监狱般的地方居然是一种理想，也可以说让人觉得这就是移动中的车厢。看着眼前山本耀司那毫无赘肉的消瘦的身形，我不禁想到，果然，这个人已经走在了朝着不持有的，这一时代的尖端上。他拒绝了欧洲布尔乔亚的审美意识。剥离了铺在时尚之路上的石子，大喊着那里是大海啊！这样过激的言行一点也没有减退。

但是，他制作的衣服却不只是拒绝，相反有着温柔的包容。略略

HOUSE HOLD deSPenSary 9000   WHAt   FouR 40

39

有些显短的长裤拍打在鞋子上，带着这样的节奏快步走着的男子，让人感到仿佛是呼应着前卫俳句五、七、五的韵律。这里蕴含着独一无二的幽默感，让观众释放出微笑来。这种飘逸脱俗的韵味绝无仅有。此次发布的系列以 Speciality 作为主题，让人马上联想到的是带着餐厅厨师推荐菜感觉的 Speciality。也许这也有着特别的韵味，而在这里应该是指在某项技能上特别优秀的职人、达人。

在黎明时分的巴黎街头的咖啡店你可能会看到他，手上抓着羊角面包，面容因为彻夜的工作而有点憔悴，但那不服从于任何人的尊严仿佛光环般让他与众不同。是雕刻家、画家、还是小说家呢？也可能是更加无名的手艺人，这样的他才是真正的 Speciality。

过去，他对趣味类的、势利的，或是审美主义的平庸，都会唾弃。但现在追随他的，却是对灰色无力感到垂头丧气的街道和青年。这些虽不会让他与众不同，但也不会表现得露骨直白。衣服的样貌里包含着专注的职人工作与幽默感。风餐露宿的波西米亚人所穿着的"挑战与战斗"才是令人兴奋的所在。

山本耀司对于参加时装发布的模特们基本上没有任何要求。
只有一点，那就是"因为摄影记者要拍照，所以在舞台的最前方希望能停留两三秒钟。"如此简单的要求，为的就是不抹杀男人们朴素的着涩和各自的个性。

yamamoto, yohji

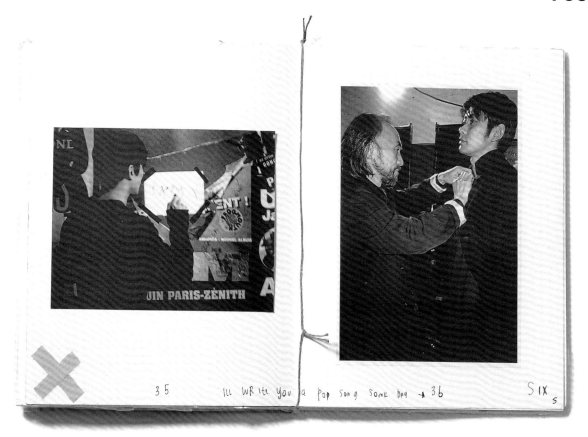

"马克的这本书，做成 1996 – 1997 秋冬季的商品样本就好了……" 山本耀司这么说。
这世间独此一本的书，让人感到好像在现场观看了发布会一般，具有如此的触感和高度的紧迫感。这些都在这本书中完整收录了。

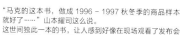

YOHJI YA
ART BOX by CHR

1

CHRISTOPHE [平面设计师]
BRUNO K. [演员]

JOSE [弗拉明戈舞者]

承载着 Yohji Yamamoto 世界的，单品艺术盒。

在这里介绍的照片，都是受到 Yohji Yamamoto 委托，在 1998 年春夏男装周后拍摄的。
没有习惯被拍摄的普通男人们都露出了极具个性的表情，走秀结束之后立即出现的放松感，
是开朗活跃的摄影师克里斯托夫·里埃 [Christophe Rihet] 特意捕捉到的结果。
而这结果便由 Art Box 艺术盒这一形式来展现。

MAMOTO

ISTOPHE RIHET

2

MICHEL [古董店老板]

3

BRUNO K. [演员]

4

MAFAL [学生], TSURUMI [职员]

7

3. 瘦高的演员 Bruno 穿着华丽的西装也很合适。4. 左边的 Mafal 是高中生。右边是 Yohji Yamamoto 公司的职员。5. 法国人 Daniel 是公务员，搭配华丽风的衬衣很不错。6. 穿着浪漫风格衬衫的少年们。前列左侧的 Jean 在成为专业模特前就参加了 Yohji Yamamoto 的走秀了。7. 这组连拍风的作品构图很美。8. 这组失焦的竖构图照片，让人想到著名摄影师理查德·艾维顿 [Richard Avedon] 的作品。9. 将不同表情的两张照片组合在一起，强调了同中存异的有趣之处，而黄色的鞋子成了照片中一抹调味剂。10. 纪念照风格的一张照片。亮点是白衬衫上的印花和巨大的蝴蝶结做成的领结。这一季的 Yohji Yamamoto 充满了浪漫风格。11. 加藤和彦在山本耀司的大力邀约下答应了走秀。他和秀场上很有人气的凸凹组合都是演员身份。12. 左边是喷火表演艺人 Marcus，他穿着袖子很独特的运动外套格外适合。右边是经营着餐厅的 Franco。从东京到巴黎都有店。

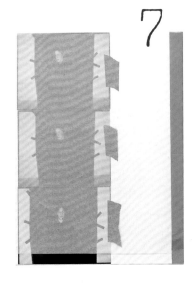

JEAN-BAPTISTE [模特]

10

9

DANIEL [公务员]

FRANCO [餐馆老板], RIHITO [模特], DAVID [摄影师]
PATRICK [摄影师], MARTIAL [音乐家], TSURUMI [职员]

5

DANIEL [公务员]

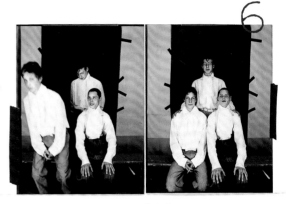

6

MARCUS [艺人]
JEAN-BAPTISTE [模特], BRUNO H. [艺术家]

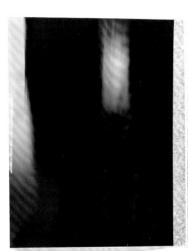

8

RIHITO [模特]

12

11

MAVA [学生], MAFAL [学生], KAZUHIKO KATOH [音乐家], JEAN-MARC [音乐家，艺术家]
PHILIPPE [演员], TIAGO [演员]

MARCUS [艺人], FRANCO [餐馆老板]

YOHJI YA
ART BOX by CHR

为无制约的活动提供场地

为了纪录每场 YOHJI YAMAMOTO 发布会,山本耀司都会让摄影师进入后台拍摄。现在活跃在意大利版 *VOGUE* 的马克·博思威克,在出道早期就受到了耀司的重用,耀司信任年轻摄影师的才能,并将珍贵的发布会的记录大任交付给他,这样的尝试有巨大的价值。此次在巴黎男装周工作的摄影师克里斯托夫·里埃之前在 *Dazed and Confuse*、*VOGUE HOMME INTERNATIONAL* 等时尚杂志上刊登过作品,年仅 29 岁。虽从事摄影尚不足两年,但两年前就对 1997 年 YOHJI YAMAMOTO 春夏男装与女装周进行了后台的拍摄,从那时开始与耀司有了交往。"One Size Fits All Mankind"[适合所有男性的尺寸] 在这一明确的主题下,他与巴黎的媒体公关负责人一起召集了 25 名模特。除了两名专业模特外,其余的都是职业各异的外行。与其寻找不同的人种,不如说是以多种多样的体型为基准,寻找与之相符的人物。不受制约而全权交给摄影师的 YOHJI YAMAMOTO 的后台记录照片,一张一张设计得充满新意,被做成了一个艺术盒子送了过来。这个由时装设计师和摄影师的互信关系结出的合作果实,让我们再次领略到了真正的艺术创作的魅力。

MAMOTO

ISTOPHE RIHET

这个盒子是用模特的肖像贴成的，上面覆盖了胶带，由克里斯托夫·里埃制作。盒子中收入他的作品。

Passing

From Paris Men's Collection
Yohji Yamamoto pour Homme
Autumn / Winter 1999-2000

彷徨男子的共鸣。1999

山本耀司在每一季，都将男装的可能性投射到了模特们的个性里，向我们发问。

今年一月在巴黎男装周上登场的，是一群罗姆 [Roma，通常称为吉卜赛人] 流浪音乐人。

强烈的存在感使他们将发布会现场变成了节日庆祝的舞台，不仅是衣服本身，更因为他们各自经历所酝酿出的人格，和衣服搭配起来相得益彰。

川流而过的男人们在乐曲与衣服共鸣的高扬感之后留下的，是他们与山本耀司心中深深怀有的与彷徨男子的灵魂共鸣。

摄影；山本 丰

Performers : Kocani Orkestar,
Les Gitans, Les Manouches,
Les Tziganes, Taraf de Haidouks

男人们的邂逅。

从幽暗 T 台的大门里面隐隐传出热闹却又蕴含伤感的变奏旋律，几度反复彼此呼应。推开沉重的铁质大门，在准备结束工作的发布会现场三三两两、此起彼伏地吹奏着的男人们，各自拨弄着手中的小提琴、手风琴和钦巴龙。

POPB SALLE MARCEL CERDAN

1 月 27 日，巴黎迎来了严寒冬季珍贵又安稳的温暖空气。市中心东南方向 12 区的塞纳河畔，坐落着巴黎贝尔西综合体育馆，其中有以法国著名拳击手马塞尔·塞尔当 [Marcel Cerdan] 命名的竞技场。容纳 1000 名观众的大厅，通常用于举办体育赛事或音乐会。在阶梯状大厅的正中，他们用红色塑料座椅，组成了一个让人联想到马戏表演的圆形舞台。周围放置的传统木质折椅大概有 400 把。从入口望到最里端的角落，可以看到搭起来的化妆室和更衣室。工作人员在正式开场前 4 小时紧张忙碌地工作，看起来好像是音乐会的开幕前准备，他们专心致志地确认着乐器的状况和乐队合奏的效果。

Performer

世界各地对罗姆人有不同的称呼，如 Gitan、Tzigane、Gitano，据推算这个民族在全球约有 600 万至 1000 万的人口。这个起源于印度西北部的古老民族在 11 世纪之后，经历了数百年的漫长时间向西方的欧洲大陆迁徙，他们一边固守着自古以来民族的共同价值观和独特的习俗，同时吸收了各地的风土民情和文化，并将其多元化。从波斯到地中海，到达伊比利亚半岛的族群孕育了弗拉明戈的原型；经由克里米亚半岛进入东欧的又成为了俄罗斯宫廷的乐师。在他们为了生存而学习掌握的各类技能中，最著名的就是音乐与表演了。

以罗马尼亚的传统乐团 Taraf de Haidouks 为首的 5 支乐队，共 49 位音乐家在此次时装发布会上担任了模特的角色。他们与山本耀司的邂逅要追溯到上一年 10 月的德国。皮娜·鲍什 [Pina Bausch] 率领的乌帕塔尔舞蹈团，与世界各地不同领域的艺术家进行跨界合作。山本耀司自己也作为一位表演者参与了其中，因此他沦陷在这些舞者的音乐性与强烈的存在感之中。为彩排而陆续进入试衣间更衣的男人们，有着特别富有深度的面孔。他们深邃的五官仿佛雕刻了他们的人生阅历，浓密的眉毛、深深的皱纹，以及胡须的表情，还有在那和蔼可亲的眼神中依然可以窥见的强韧的生命力。他们的身体也很结实。摇晃着让人

吃惊的圆圆的腹部行走的男子、拄着拐棍的老人那枯木般的手腕、高高挺起的宽厚的胸膛……这样的身材无论是谁都要多感叹几句。他们和身材标准匀称的专业模特有着天壤之别，但他们却有着仿佛是经过漫长岁月风化之后的土地质感，这样的存在感被带入了穿着、驾驭着崭新衣服的人，然后发生了化学变化。

Sympathy

前一天的会议后紧接着的就是正式发布之前的最后彩排。山本耀司和工作人员坐后，他坐在观众席的最前列，从背影看起来泰然处之且让人放心，也好像乐在其中。

"其实我还是很紧张的，为了让他们放心所以在笑着。"

时装发布会的初始状态是让所有的音乐家们都坐在观众席对面的座椅上，就这样直接开始。衣服一人一套，中途不换。每个乐队按顺序起立绕着舞台行进，乐队交替时候的背景音乐由其他的乐队轮流演奏，完全就是现场演奏音乐会。

这些男子的演奏服，或是长大衣、外套和舒适的直筒长裤，或是由纱笼布重重包裹着身体的拳师般的裤子。以黑色与灰色为主的深色系中，加入了卡其色和红色，天鹅绒的鲜艳配色更让人印象深刻，是融合了古典主义与民族服饰的华丽正装。"个性表现得刚刚好。"正如山本耀司所说，这场表演充满了浓厚的自豪感，却又有一种自然而然的美丽。他们有的翻起大衣的下摆，让长围巾随风摇摆，有的在耀司面前停了下来，有的将帽子拿在手中微微笑着。他们视线交汇时，流露出的是不畏体制与权威的气质，流淌着超越立场、国籍和年龄的强烈共鸣。

变幻的旋律舒服地麻醉了日常的感觉，听众仿佛被带到了某个小村庄的节日庆典的舞台上。他们基因中流淌的无政府主义血液，浓厚的音色将繁复的感情混合为一体，疯狂地、一波接一波地向着观众袭来，歌曲与手打的节拍相重叠，使得舞台逐渐变得炙热起来。

"等正式开始了，就不会听我们的安排啦。"

彩排告一段落后，演奏也没有停下来，一首曲子即将结束时又有别的乐队接着开始。仿佛预感到了这是场没有结束的音乐会，山本耀司一边笑一边点头示意这样也没关系。托付给他们做的，他们已经完全领会，并且给出了他们自己的答案。

Cacurica
Taraf de Haidouks

Nicolai
Taraf de Haidouks

体·服·歌。

撰文：小岛伸子

成长，似乎就是慢慢增加的欲望。人明明是裸着身体出生的，但却渐渐被各种有形无形的欲望所绑架了，很麻烦却又离不开。山本耀司却通过时装发布会在说，才没有那样的事呢，身体，必须要穿上什么才能出门，所以才有了衣服，剩下的只要有歌声、有乐器就能活下去。就是这样的人啊，与家庭背景、学历、地位都没有关系，最小限度地持有物品与最大限度的自由，就是他们的财产。真正的好女人，会跟随这样的男人同行。

体。

说到理想的男性身体，脑海中就会浮现希腊雕像中的阿波罗，或是米开朗基罗的大卫像吧。充满肌肉美感的结实的体魄，其目的就是在斗争中取胜。狩猎、竞技、战争……既是动物也是人类，为了打败对手而形成的体魄。这是绵延了好几个世纪的根深蒂固的欧洲审美意识。但审美只能显示地球上绝少数人的优等性，其他人只得无条件地接受。本来就不热衷战斗、过着群居农耕生活的民族，当然有着不同的特色。随着更多接触西方文化，许多日本人都抱有复杂的情结，并为之烦恼。
美的标准只有一个吗？1981年初次在巴黎举行时装发布会的山本耀司，他想要提问的，就是这个。破除了以高级定制为基础来做衣服的约束，展现了与绚烂色彩背道而行的纯黑世界。被称为邋遢造型或乞丐造型的 Yohji Yamamoto 的时装，是讨厌所有权威和极端集体主义的山本耀司本人对于传统价值观的反叛，也是他对于解放的一种寄语。欧洲人受到了强烈的冲击，有反击的，也有赞同的。但随着发布会的一次次举行，支持者日渐增多。想从审美魔咒中逃脱的不仅仅是东方人啊。他们的体形、肤色、发色、眼睛的颜色更是千差万别。面对不强调身体线条，却主张自我个性的，非建筑式服装的温柔，让他们松出一口气来。

服。

"我最讨厌看上去就'好像什么'的衣服了。"山本耀司这么说。看上去像有钱人、看上去很聪明、看上去受过好的教育、看上去很气派、与其看起来这样的话，还是可疑、低级、不靠谱的更好。很男性化的，也让人讨厌。所谓的男性化、女性化都是为了容易管理而制造出来的，背负着这样的东西不可能不痛苦。
回首 Yohji Yamamoto Pour Homme 的发布会，几乎没有精致、精英类型的男子登场。小胡同里的调皮鬼、乡下的做作帅哥，拼命扮酷凹造型的风情。这是在新宿歌舞伎町这般欢乐的街道上经营洋服店的母亲孕育培养之下长大的设计师，至今也没有改变的视角。
被战争夺去父亲，在人群中要竭尽全力努力生存的身形瘦小的男孩不得不学习空手道作为防卫手段。虽进入名校却因为环境落差而感到困惑不已，怀抱纠结却俨然独立自主起来。学生时代，养成了他对于权力切实的反抗之心与拒绝被支配想要自由生活的人类共鸣。
最早的男士衣物基本是，伦敦的"裁缝街"——萨维尔街 [Savile Row]打造的颓废华丽的绅士风。耀司从内部去瓦解这种具有欧洲霸权主义的衣服。其武器就是，为了解敌人而彻底研究构造与技术，再加上幽默和戏谑的精神。首先是采用了多在女装上使用的光亮面料和浅淡的色泽，还有刺绣与拼贴，在让人忍俊不禁的同时，解体所谓男性化与女性化的界限。去年，男装发布会中的一个环节就是让自立的女性也一同登场。衣服与人的自由关系，很自然地表现出来，让人印象深刻。形式美的代表——领带，也像是个玩笑一般。衬衣领子领结一样做得大大的，

好像要从肩膀飞出去那样，非常华丽。有的西装做了许许多多的口袋，像工作服一样。即便有那种古典风格和有身份象征的衣服，也绝不是迎合世俗的标准。是他在单纯地开玩笑，或是鼓励那些胆怯的年轻人，没必要沮丧，想要看上去很厉害其实是很容易的。
与其攀爬高山他更喜欢广阔的平原，而他的工作在这一刻似乎也到了这场发布会最合适的时机。在很久很久以前，从印度流转进欧洲大陆的身怀音乐表演技艺的吉卜赛音乐人，成为了山本耀司的模特。他们中有年轻人有老人，身形超码，高低也不一，各色人等都混入其中。他们穿着 Yohji Yamamoto 的衣服，都仿佛是穿着自己的衣服般随意自在，不知为何。将生命与命运握在自己手中的他们，决不会将自己的一部分交给衣服。享受但不依赖。无论是及地的长裙还是带有装饰绳子的外套，或者背后斜斜剪裁的斗篷，他们都在将衣服拉近自己，人与衣服相得益彰。

歌。

音乐人各自归属于 5 个乐队，从乐器里飞出的音符，时而是仿佛要去抓住前面音符般的轻快、时而是沉稳又富有旋律性、时而又是奔放的田园风，他们各具特色，音乐中蕴藏的欢喜与悲伤随着乐曲逐渐显现，充满了人情味。瘦弱的老人仿佛喊叫般的歌唱，超越了优秀还是拙劣的评

价范畴，仿佛是异次元的。那是一种对生存的吟唱。让人想起曾几何时山本耀司说过的话："人生、工作，所有的过程中都有着乐趣。意气相投、互相激励、彼此伤害、珍惜正在做的过程，结果反倒没所谓了。"

造物主也许也是在这样充满趣味的过程中工作的。他们得到了留存在历史中的奖赏，不会想要去征服世界巡演，他们有着不依赖他物的自傲。此时此刻为了歌唱为了演奏而竭力燃烧，和同伴们一唱一和，这便是人生中美好的一天。如此这般，他们让肉身日晒雨淋，用时间的砂石来反复擦拭，逐渐浮现出具有岁月韵味的面孔。"最可悲的是，面部可憎的人却想要用衣服来引人注目。"不管生来如何，外形并不是让人悲观的东西。因为完全可以拥有好看的面容。

用"if"来考虑事物也许毫无意义，但又不得不去思考，如果山本耀司并非设计师的话……那他肯定是个街头音乐家。在街边唱着歌，这场景仿佛很容易想象。他也许在巴黎的地下街道或是别的什么地方，人们可以在嘈杂中听到他那略带嘶哑的温柔歌声和吉他的音色，以及永远的一袭黑衣。他离开前会将帽子中的零钱放入口袋，然后走向酒吧。葡萄酒或是威士忌，用中意的食物结束一天，再回到单调的房间，为了如常的明天而入眠，直到睡不醒的清晨到来。

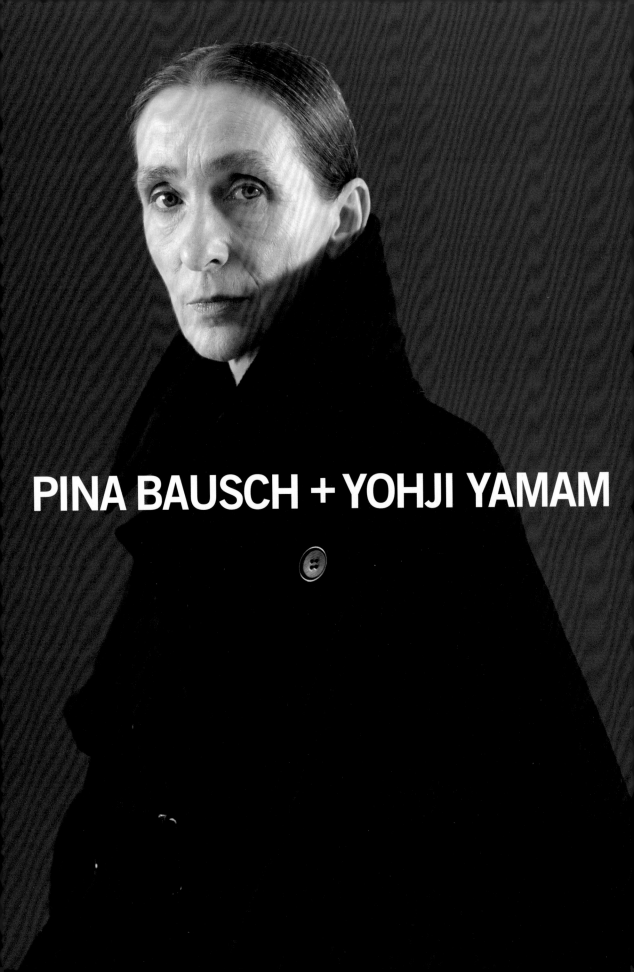

PINA BAUSCH + YOHJI YAMAM

OTO : Fusion Between the Two ²⁰⁰²

同等的创造力。
穿着 Yohji Yamamoto 的
皮娜 · 鲍什肖像。

喜欢 Yohji Yamamoto，
并非因为它是著名的设计师品牌，也不是因为它是流行款式，
而是一种极其私人的却又极其自然地喷涌而出的欲求，难道不是吗
山本耀司做的衣服，超越了理由，
具有激发人某些情绪的力量。
这一点，与皮娜·鲍什创造的舞台十分相似。

皮娜·鲍什
1940 年生于德国的索林根。1955
年在富克旺根艺术大学学习，师从
德国表演主义舞蹈先驱柯特·约斯
[Kurt Jooss]，以首席舞者身份毕
业后留学纽约茱莉亚学院的舞蹈系。
1962 年归国后，在富克旺根舞蹈团
作为首席女演员开始活动。同时也开
始舞蹈编导的工作。1973 年，鲍什
开始出任德国的乌帕塔尔舞蹈剧场的
艺术总监。她开创的艺术形式，既非
话剧也非歌剧。1977 年，在法国南
希国际艺术节上献演的《七宗罪》好
评如潮，并在欧美各地巡演，获得了
极高评价。此后，她持续创作了《穆
勒咖啡馆》、《康乃馨》、Danzyn 等
40 多部作品，全部都在国际范围内
获得好评。2002 年 5 月，在日本的
彩之国埼玉艺术剧场、东京的新宿
文化中心、滋贺县立艺术剧场琵琶湖
表演厅公演。2009 年 6 月 30 日鲍
什去世。同年，她的儿子萨洛蒙·鲍
什 [Salomon Bausch] 设立了皮娜
·鲍什基金会。维姆·文德斯 [Wim
Wenders] 在她生前开始拍摄的 Pina
2012 年在日本公映。乌帕塔尔舞蹈
剧场的演出活动仍然继续着，预定在
2014 年 3 月于彩之国埼玉艺术剧场
进行访日公演。演出剧目为《交际院》
[KONTACKHOF]。

确定自己想要拍摄穿着 Yohji Yamamoto 的皮娜·鲍什，是在今年 1 月的巴黎。Yohji Yamamoto 男装发布会结束后，观众一齐朝着出口方向走，这时我从很远的地方就看到逆着人流行走，前往后台去与山本耀司会面的皮娜·鲍什。在擦肩而过的瞬间，我突然恢复了知觉般意识到自己曾想要拍摄穿着 Yohji Yamamoto 男装和女装的皮娜·鲍什，这一念头长久存在，却一直被抑制住了。

创作者，就是可以看到别人注意不到的事情，而对别人习以为常的事物反而有所反应。这样的人在日常生活中，对于很多事情都不善表达，极为内向。但潜伏着的意象最终会得到提炼、成熟，并结为作品的果实。能让观众陶醉的稀有宝贵的作品，难道不都是这样被孕育出来的吗？从没有化妆的皮娜·鲍什的眼睛中，可以看出 30 年间，她不断创作出的人物的深远思维与孤独。但她一旦笑起来，高冷的面孔上就浮现出少女般的稚气，蓝眼睛甜美得毫无防备。大幅度的表情和娴静时安静内向的样子，都说明了皮娜·鲍什是天生的创作者。

"孤僻的我，这一辈子真诚地让我感动的只有海纳·穆勒 [Heiner Müller] 和皮娜·鲍什，只要是这两个人的话我一定会服从，或者简单地说，就是想待在他们身边。"这是取自于本刊 1999 年 2 月号的一篇小特辑"着衣的肉体 皮娜·鲍什和山本耀司的合作"中的山本耀司说的一段文字。皮娜和耀司这十多年来的朋友，没有任何形容词可以充分表达两个人的紧密关系。尽管创造的世界不同，但在释放出磁性，激发世间众人的情感这件事上，皮娜·鲍什和山本耀司拥有同样的创造力。

Pina asked Yohji
Ein Fest in Wuppertal 25 Ja

1999 摄影：贝恩德·哈通 [Bernd Hartung]

着衣的肉体。
皮娜·鲍什和山本耀司的合作。

1989 年，皮娜·鲍什与乌帕塔尔舞剧院访日公演的当日，舞台上装饰了一万多株康乃馨。

现代舞蹈？剧目演出？难以归类的皮娜的世界。

终场后，观众们挤满了大厅久久不愿离去，充满了对于完美舞台的陶醉。

在这人群中，也有设计师山本耀司。

1989 年 10 月 23 日，舞剧院在大本营德国的乌帕塔尔举行成立 25 周年的活动。

从世界各地赶来参加的舞蹈团体、知名音乐艺术家中，也有山本耀司。

就在众人预测应该开始舞蹈与时装的合作演出时，他却带来了出人意料的表演。

着空手道服登场了。占据了他人生的重要组成部分的空手道，和时装一同与舞蹈平分秋色，
展开了一场全新的跨界合作。

for "Something"
hre Tanztheater Pina Bausch

"孤僻的我，这一辈子真诚地让我感动的只有海纳·穆勒和皮娜·鲍什，只要是这两个人的话我一定会服从，或者简单地说，就是想待在他们身边。"[山本耀司]

山本耀司谈皮娜·鲍什。 采访 / 撰文：青木淑子

■ 关于和皮娜·鲍什的相遇

我第一次看到她的演出大约在 10 年前，在巴黎。而那部作品又是在那之前的 10 年创作的，我听说之后非常震惊。1970 年后半期，包含时尚界在内，全世界都在腾飞，想要做些什么巨大的改变。所以我觉得她可真是个厉害的人啊，这让我大受刺激。这样一个"新艺术"与我之前理解的现代舞蹈概念完全不同，所以我对创作者怀有敬畏，同时这一让人大呼"这样啊"的作品也令我感动。

我之前提出过"为什么样的女性制作衣服？"这样的问题，也回答过"为了现实中不存在的理想的女性做衣服"。但自从遇到她之后，就开始回答"为了皮娜"。我邀请她来参加发布会，一起用餐，只要双方的机会合适就相约见面。我觉得与皮娜的相遇，既是必然也是偶然，是必要与偶然的重叠。

■ 关于合作的契机

1998 年 1 月前后，我听说皮娜想要和我一起做些什么，于是就在巴黎和她的工作人员见了面。虽然觉得接手一件不得了的事情，但从最开始就完全没有想要回绝。对于皮娜，我是绝对服从的。[笑]

■ 关于内容的想法

完全是我想的。7 月在法国普罗旺斯艾克斯见到皮娜时我给出了提案。一开始她吃了一惊有点困惑，但之后立即说"太好了！"她信任我，并完全交付给我。

■ 提出空手道的理由

我特别请人带我参观了舞蹈的排练过程。看着

身着练功服的舞者的优美身段和那种纯粹，我被感动了。身体和动作的柔软，以及具有潜力的美，都让我觉得"没有我那衣服出场的份儿"。所以决定放弃在舞台上表现衣服的念头。与此同时，我开始考虑自己的"某些东西"是什么，并且想到了我一直在练习的空手道。最高级的空手道示范动作，就像艺术一样。所以决定让舞者与空手道的身体表现展开即兴碰撞。展现出文化背景不同的身体，在交换潜在能力时所发生的不可预测的故事，只有表现这个了，我当时的想法就是这样。

■ 表演怎么样

可能会被喝倒彩，或被全盘否认，我很害怕会那样。因为其中也许有人就是期待时尚界的山本与皮娜组合之后会做出来一些什么。我不想让他们卷入空手道的示范之中增加麻烦。

大概其中也有人不知道要做什么，就将以前发布的作品请舞者穿上，在会场入口，好像杂树林般屹立着，他们以压倒性的存在感和衣服相得益彰，对观众拉开了沉默的序幕。我想这些观众也许感受到了某些巨大的情绪上的作用，之后当女性空手道老师在舞台上表演空手道时，自然也响起了掌声。我在舞台旁边会觉得"这也应该是行了吧"。当然我并不觉得是完美的，但像皮娜·鲍什这样站在舞蹈世界顶端的人，能够将舞台交给我一个小时，仅这一点我已经感到非常幸福了。

■ 关于艺术上的合作

首先可以说合作其实是在孕育危险，如果互相谦让，重视对等的关系

的话，就会成为非常无聊的产物。有了激烈的冲突之后才会诞生出什么来。任性地投身到对方的领域才能诞生出完全没被预料到的有趣的东西。但是门外汉要进入到专业人士的领域中，受伤的可能性很高，风险也很高。越是冲突激烈，越是反驳与赞赏互相纠缠……一想到跨界合作就胃痛啊，真的。[笑]

■ 自己也登台的原因

完全没有必然性。[笑]皮娜和我说："一个人的话还挺吓人的，希望耀司你也出演。"即便是皮娜好像也很害怕体验异文化。之后就考虑了诸多我的出场方式。由我来袭击、击倒空手道高手，最后成为英雄之类的。[笑]但那样也太无聊了，调暗灯光，当皮娜不在台上的时候，我表演一些空手道就好。

■ 听说您是空手道黑带

七八年前身体精疲力尽到了极限，我母亲的英语老师偶然地引导了我，不知不觉就这么开始了。但也不是什么运动都行。我讨厌慢跑或是健身房那种身体第一主义。如果要运动一定要有对手，想要练习可以认真决出胜负的格斗技巧。稍不注意自己就会受重伤，也可能伤害到对方，必须要具有紧张感。将战斗的紧张感置于身体时的惬意，以及已经到了极限却又不得不再保留一点体力和结束后的爽快，我被深深吸引住了。日常工作是精神上的斗争，从那里将我解放出来的空手道，直到今天仍然是我的一部分。

■ 时装和空手道，两者融合起来的理由是什么

其一，是我为什么能坚持时装到今天。举办发布会时，在巴黎他们叫我为"日本时尚的代名词"。我很意外。对我本人来说，只是希望用西方传统的服装，做些国际性的新的什么东西。为什么给我冠上这么一个称号？我在东京出生，在被战争破坏殆尽，废墟般的地方成长起来。所以并没有所有日本固有传统的周边记忆。我没有日本人的感觉，硬要说也就是因为我是东京人了。对于根源、身份这样的词我也没有兴趣。那不是在生活中自己寻找、在传统中发现的东西吗？不过最近我也觉得可以承认自己流淌着那样的血液，在自己的体内有着"日本"的基因。空手道其实是从中国传到冲绳的，当时被九州占领镇压的冲绳的男人们，为了保护家人每晚都偷偷地练习，是被歧视、被压制的人们孕育出来的武器。对此，我深有同感。

■ 对皮娜·鲍什想说的话

她是个疯狂的人。希望你不要误解我的意思，她仿佛是硬币的正反两面，同时拥有暴力与温柔，爱与孤独。在作品《春之祭》中，她的编舞非常富有青春活力。对于那种要生存下去的细节上的敏锐反应，真的捕捉到了我们忽视的东西。人诞生到世上来都会有的孤独、寂寞、扭曲、苦恼，将这些东西提升到了艺术的领域表现出来，能做到这些的人为数不多，但其中包括皮娜·鲍什。

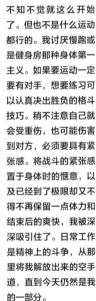

10 月 23 日晚上 7 时
乌帕塔尔舞剧院

当天在剧院首先进行了皮娜和舞者们的试装。山本耀司为皮娜准备了黑色的不对称的裙子。以及在巴黎发布会上发布过的 Yohji Yamamoto 的时装，把它们穿在拥有欧洲、亚洲不同国籍的男女舞者的肌肉紧致的身体上，使得这美格外突出。晚上 7 时，开演。山本耀司与其他 9 位空手道高手一起登上舞台，出演了这一日本武道。三个完全不同领域的元素在舞台上，成就了超越国界的初次得见的纯粹的舞台艺术，赢得了观众们的喝彩。

皮娜·鲍什谈山本耀司。 采访／撰文：青木淑子

初次与耀司相识是在东京。应该是日本公演的时候吧，但因为认识的时间久了，所以实在是有太多太多一言难尽的趣事。用一句话来说，那就是我们很快就互相理解了对方。这大概因为彼此都是将"表现"作为工作的人，从而对对方会产生直觉上的敬意。虽然各自的领域不同，但是创作所伴随的必然的孤独、恐惧感，以及与之同等的欢喜与爱是一样的。这些都仿佛是感情一般可以从作品中看出来。1992 年左右，我答应穿上他的时装成为模特。在巴黎、柏林、阿尔勒、乌帕塔尔、东京，那么久的时间在那么多地方相见，更增加了彼此的认同感。

很久以前，我就想过什么时候要和他一起做些什么，于是想到，在这次舞剧团的 25 周年庆典上不知道能否实现呢？我们向他发出了邀请。一开始，耀司吃了一惊，回答说："我害怕。"于是我邀请他前来乌帕塔尔看了我们的排练。他非常认真地观看了我们的彩排。大概在那个时候他感觉到了什么。耀司为了寻找与我一起合作的"某些东西"，花了半年以上的时间。之后他的提案就是空手道。乌帕塔尔的庆典中由世界各地不同领域艺术家参演，预计有超过 50 个剧目。我也很想有武术的节目出现，所以他的创意空手道将我们联结在了一起。虽然空手道原本就与他有着很深的渊源，但当耀司在舞台上演绎的时候，肯定还是觉得非常不好

意思吧。我也是一样。做出新的尝试时绝对会这个样子。而他在舞台上表现了迄今为止没有人做过的东西。空手道、他的时装，还有我的舞蹈，让三者融合到了一起。超越了自己的领域，在对方的领地中创作出什么新的东西，向难以预测的事物做出果断挑战的人，的确存在于这个世界啊。因为耀司就是这么做的。观众以如潮的掌声迎来剧终，我们从心底分享了喜悦。对我来说，那次演出是他给我的无法忘怀的最好的礼物。即便现在也是，只要一想到那次合作的场景，整个人也会变得愉悦，脸上露出微笑。

在柏林，皮娜·鲍什于乌帕塔尔舞剧团举行相隔 10 年的公演前夜，我们请到了皮娜来谈谈对于山本耀司的看法。记者会上已经做了简短的采访，但在记者会结束后，混杂着大量记者的会场，皮娜看到了我还对我微笑。在我表示采访的感谢之前，她却抢先一步安静又腼腆地说："不好意思，没时间了。虽然我想再多说一些关于耀司的事情。但是用语言总是说不好。我不擅长说话。耀司比我所说的要优秀得多，好得多。你能明白我的意思吧。"

"见面的瞬间就感到了自相矛盾，也就是一种不平衡 [an imbalance]。
虽然是为了追求理想的女性，自己不停地制作衣服。
但在遇到皮娜之后，就想到了也许自己就是为这个人一直在做衣服。
还有一个让我感到的相反就是，有一句话说的是美丽的人穿着麻袋也是美的。
她就像这句话里说的那样。已经没有必要让皮娜穿上我的衣服了。
威严与优雅，仿佛就行走在我的眼前。"[山本耀司]

"背影，或是从斜后方来看女人的姿态，我总有奇妙的感动。因为总想去追上

山本耀司的美的反叛。

那是高定还是成衣？
看的人自有判断——
7 月 8 日的舞剧院，山本耀司挑战着，
从未有人想到的新天地。
冷酷的，时而生机勃勃的性感，
一边让人窥看着理想的女性形象，
一边让人再度认识定制的主流。
用日常可见的舒适优雅，
除去了成衣和定制的界限，
发布了了不起的系列。

摄影：山本 丰

beautiful revolt YOHJI YAMAMOTO
2002

"所谓的品味，也就是没有多余的东西，省略了所有之后的美。也就是说，在省略中也含有自负。"

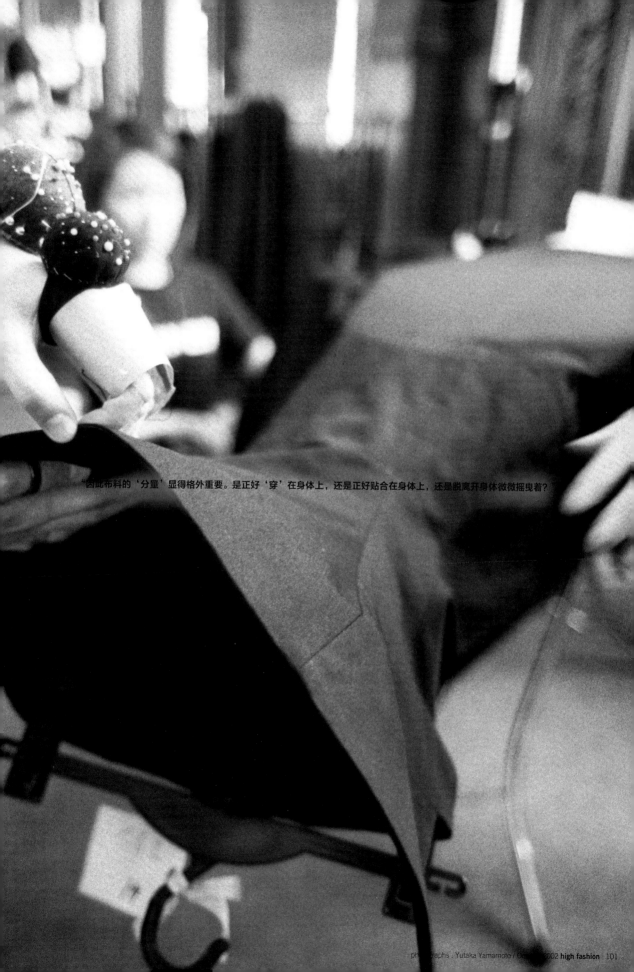

"因此布料的'分量'显得格外重要。是正好'穿'在身体上，还是正好贴合在身体上，还是脱离开身体微微摇曳着？

beautiful revolt YOHJI YAMAMOTO

上间常正
1972 年在东京大学文学部社会学系毕业后，进入朝日新闻社。1988 年开始在学艺部 [现文化部] 担任时装的相关报道工作，采访巴黎、米兰等各地的发布会。2007-2008 年，担任 AFP 通信的日语网站 AFPBB News 的主编。2007 年开始担任文化学园大学研究院的特聘教授，研究媒体论、表象文化论等领域。

舍去了必须舍去的，只有这样的男人才拥有的美的表现。 采访／撰文：上间常正

在巴黎歌剧院举行的发布会，美得无可比拟。掌声经久不息，山本耀司首次二度谢幕。他脸上的表情半信半疑，伴随着"唉，又来了"的羞涩，并浮现出带着这两种情绪的微笑。后台也涌入了观众。他微笑着接受大家的招呼，那眼神寻求着真正称赞他的几个人，略显彷徨。不久后，得到确认了的他脸上才浮现出安心的表情，恢复了往常的从容的笑容。

几天后，在圣马丁大道的工作室里，山本耀司说："这一次是真的孤注一掷的赌博了。"作为赌酬的，是对于还有未来的信任和对于女性的憧憬。

衰老会降临到每个人身上。附着在体力上的热情，事后着愧也无妨的过分、夸张、追逐时代……曾经理所当然的事情，在某一天会突然感觉遥远了。

"从大约两年前开始一直考虑'引退'这件事。"创意也是一样，比起才能来，似乎更不如说是年轻在支撑着。还有就是对于女性憧憬的变化。

"今天会邂逅什么样的女人呢？以前每天早上都会这么想，现在完全没有这样的欲望了。"

在德国拜仁担任歌剧的服装设计工作时，担任导演的前卫作家海纳·穆勒还对他说："我介绍我女儿给你吧。"和推着婴儿车出现的年轻女性打过招呼之后才发现，他女儿就是那婴儿车里的婴儿啊！那时候，穆勒都已经超过 60 岁了吧。

"不管练多少空手道，总有我体力达不到的界限吧。"于是，他便想从女性这一物种中逃离出去。

绝望的失落感，让他联想到了引退。但大多数男人对于接受"引退"这个词，却有着被拯救的感觉。"一旦欢迎了引退这件事，反而变得轻松起来。"而相反"就这么结束了吗？那怎么行！"的情绪也变得强烈起来。就创意工作来说，自信自己是在世界的第一线一路战斗过来的，但就商业运作来看，日本品牌还一直持续被欧美品牌打压着。

日程太过紧张的高级成衣发布会，已经不是定下心来好好展示衣服的场所了。展示老店威信的高级定制，其内容也成了"化石"的世界。于是他想要对成衣和高定双方都发起反抗。故意挑选日子和高定"撞期"，这也是山本耀司，对于并没有真正接受自己的巴黎，作出的一次真正的挑战。

"就算抓住的最后一根稻草，就算任性也一定想要行动起来。"但就算是逞强，制作新的系列仍然需要体力，而且没有对于女性的朝思暮想，还能做出漂亮的衣服吗？

痛苦地忍耐着感觉的丧失，重新找到的武器是"就算是旧的也没关系"，然后重新开始。既有马上会变旧的新鲜，也有永葆新鲜的陈旧。

以这样的陈旧为武器又瞄准了什么样的女性呢？

"最近优雅的优秀女性锐减啊。"但这并非全都是女性的责任。暴露的性感，或是像刚采摘的蜜桃般的鲜嫩，都挑拨着男人的欲望。但优雅就好的女性，并不是必须要和挑逗联系在一起的。

从歌剧院举行的发布会上登场的衣服可以看出，那是与山本的丧失感交换而来的、对于优雅就好的女性的全新的目光。

和黑白色调相近的用色搭配。模特们梳着 20 年代的发型，孕育着奔放的精神却又显得很平整。

棉质的抹胸长裙，在身体上笔挺地剪裁完成，仿佛夸耀着样式本身的优雅。

有着巨大蝴蝶结的海军蓝色的接缝，其优雅的轮廓让人联想到圣·洛朗。用棉质衣料就可以完成如此优雅的造型，迄今为止有过吗？衣服即便脱离了身体也完全可以主张自己的美丽，实际上也惊人地轻盈易穿。

透过短外套看到镂空的背部，有着让人心动的美。

如此美丽的呈现，如不强制将必须丢弃的东西全部丢干净，是做不到的。此刻呈现的女性们，与男人们眼神放光位置不同。这里的是"好女人"。

山本还是和以前一样，说："这一系列是给女性的情书。"说不定，这是他第一次给好女人书写情话。不过，好不容易找到的好女人，也会恋上脾气无常的年轻男子。人生，就是这样充满讽刺。

才气迸发的设计师，当然熟知这样的事。让男人发光发亮的还有一个对象，就是生意。

与阿迪达斯的新合作就是其中的一块基石。在 7 月份巴黎召开的记者发布会上他这么说："运动装，蕴藏着许多功能性和市场上的巨大可能。"我想试着去做融合了时尚的，迄今为止从未存在过的东西。

这件事，既是山本耀司作为设计师的热情所在，同时也包含了他对于 Yohji Yamamoto 这一品牌的商业基石能够向更为切实的方向发展的一个意图。不过说回来，其目中并没有钱。山本对于大资本品牌的反抗，并没有随体力一同衰退。

"最近会不经意地想起来，20 多年前，克洛德·蒙塔那曾对我说过这么一句话：'耀司是在往水池中投石子，波纹扩大了石子却沉了呢。'"

此前出版的 *Talking to Myself*，虽然像是一个创作人的集大成，但其实其自身还只是进行中的作品。革新的探索与不变的造型共存。他这么说道："活在当下，去生活，去爱别人、去悲伤，让如此这般活着的人穿上之后才算完成的衣服。这才是时尚。"

"我觉得，衣服这种东西，是从后面开始制作的。后背才是衣服的基础，不能好好完成后面，前面就根本不能成立。"

YOHJI YA
PARIS/FRANCE→BA
1993.7.2-7.25

1993

MAMOTO=
YREUT /GERMANY

山本耀司，从巴黎到拜仁的一个月。 摄影：山本 丰

Clothing 和 Costume，就是衣服和演出服这两个完全不同的种类。

衣服基本上是人类生活的必需品，而演出服就是脱离了现实的虚拟世界里的产物。

作为衣服，真实性是最必需的。

男装发布和为了舞台而制作的所有的歌剧演出服，

记录经历了两个完全不同，甚至相反的现场的，1993 年 7 月的山本耀司。

瓦格纳的歌剧《特里斯坦和伊索尔德》第三幕的特里斯坦的演出服
右边是西装背心，左边是礼服风格的长外套。

YOHJI YAMAMOTO POUR HOMME

YOHJI YAMAMOTO IN '94 SPRING & SUMMER MEN'S COLLECTION WITH HIS STAFF OF CENTRE DES BLANCE-MANTEAUXIN PARIS.

1994 春夏 Yohji Yamamoto Pour Homme 男装发布会

7 月 2 日下午 2 点 30 分，先于巴黎男装周首秀举行的，
1994 年的春夏 YOHJI YAMAMOTO 男装发布会。
此次特别有意识地，邀请了多位年长的男性参加走秀。
男人随着岁月增长越发与服装的调性融合，
也由此让观众有了全新的感悟。

左页的照片是为了增加天然皮革的韵味，在 Yohji
Yamamoto 工作室的屋顶上，皮鞋被置于阳光下暴晒。
右图是会场内彩排的情况。
从细小的动作就可以隐约解读到男人们的羞涩和紧张。

one : STEVEN BRINKE
record buyer, 44, american

two : RÜDIGER VOGLER
actor, 51, german

three : PIERRE GERIN
gardener, 61, french

four : JEFF GRAVIS
painter, 55, french

five : ALAN BILZERIAN
clothing retailer, 49, american

six : BOB RUTMAN
musician

seven : RICHARD BOHRINGER
actor, 52, french

eight : OTTO SANDER
actor, 52, german

nine : MICHEL CONTE
37, french

ten : NORBART JONAS
68, french

eleven : ERIC PERROT
22, french

twelve : PATRIC CHAUVEAU
painter, 53, french

thirteen : JEAN VINANT
architect, 82, french

fourteen : STEPHAN SUCHKE
theater director assistant, 35, german

fifteen : SERGE BRAMLY
novel writer, 44, french

sixteen : ADAMA KOUYATÉ
painter, 58, french

seventeen : TOMMASO BASILIO
37, italian

eighteen : DAVE CHEUNNG
restaurant owner, 40, french

nineteen : BEN BRYAN
stylist, 19, english

照片是正式开始前的彩排风景，
背影是出演《歌剧红伶》[Diva]、《地下铁》[Subway]、
《大道》[Le Grand Chemin] 等大家熟悉的影片的法国演
员理查德·波林热 [Richard Bohringer]。

衬衣和穿旧的白色。 撰文：藤井郁子

上一季女装发布会的会场位于巴黎玛黑区的布朗克 - 芒都中心，同一场所又召开了 1994 春夏男装发布会。巨大的海报风格的邀请函上有一位戴着鸭舌帽、穿着西装背心和条纹衬衫的老人，他戴着夹鼻眼镜打着毛衣。这是这一季概念的形象图。

"因为我觉得老爷爷们生活的态度很帅。觉得专注得可爱。这并不是我找到的照片，而是谈到发布会的概念时，平面设计师给我看的，问我觉得怎么样？我就笑了。立马就拍板定下来了。无论男性还是女性。看到那样的照片应该不会觉得讨厌吧。"男性变得无比温柔的女性化，女性则越来越简约男性化，作为模糊出现的第三性，这肯定是让人微笑的一张图片。

"主题有两个。一个是想要创作一个纯白的世界。之前一直都是做的暗黑色系。但我所说的白色，并不是让人想到洛杉矶西海岸那种白色，而是穿旧了的白色。穿着很白的白色会让人感到装腔作势而不好意思，很害羞。另一个考虑则是想要认真地做衬衣。并且这衬衣可以男女老少都穿。我觉得从少年到老人都能穿同样的衬衣很不错。这个想法从一个发布会进入到下一个发布会，是衣服自己告诉我要这么做的。在衬衣材质方面，我们没有用常见的所谓衬衣材质的宽幅平纹薄毛织物，而是用了较为便宜的棉和亚麻。用这个薄棉做成外套也是完全可以的。而且在工艺上特别做成了可以透出内衬黑色的效果，要的就是那种旧旧的白色效果。总而言之，白色一定要做旧……"衬衣的长度已经长

models

到了膝盖，而且因为这衬衣是做旧的感觉所以把它叫作褶皱衬衣也可以。在衬衣独特的圆形的下摆上，或是再缝上直线切割的下摆；或是随机去除无数个衣片；或是像螺纹一样做出褶皱的效果；或是做成不对称的形状；或是多用细褶做成高腰的设计；用比商定好的颜色更深好几倍的纽扣；将三个重叠的领子作为重点；在粉红色或天蓝色里加入白色，做成双色组合；灵活运用丰富的定制技巧来完成衬衣的丰富变化。它们在巴黎一登场就获得了"耀司的衬衣"的称号，特别收到了男性知识分子的喜爱。可以说这一季他们的评判起到了决定性的作用。其他的则是摇摆的睡衣风格的外套和长裤，轻薄的尼龙插肩袖雨衣，慵懒的黏胶纤维针织 T 恤和长款毛绒开衫……大多使用了贴近身体的

轻薄材质，总的以宽松的外形为主，但也有让大个子模特穿上小尺寸衣服感觉的款式，所以很新鲜。有很多仿佛刚起床似的造型，也有现在流行的吉拉吉精神 [垃圾摇滚精神]。

和以往一样，给艺术家、媒体人、演员、音乐人穿上后，衣服就更加富有个性和真实感了。这一季的明星模特是法国电影界的"骨灰级"演技派明星理查德·波林热。山本耀司翻译过他的小说，两人还成了朋友。同样，还有在维姆·文德斯的电影中经常出现的演员 Otto Sander、Rüdiger Vogle、银发黑肤的画家 Adama Kouyaté、82 岁却依旧年轻体健的建筑师 Jean Vinant，中餐厅老板 Dave 等独特的男人们的演出。

OPERA, "TRISTAN AND ISOLDE"

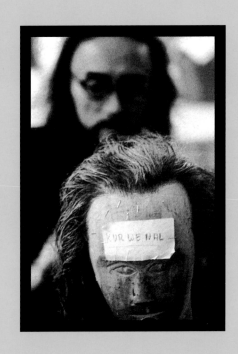

YOHJI YAMAMOTO IN WAGNER OPERA, "TRISTAN AND ISOLDE" COSTUME WITH THE STAFF OF THE BAYREUTHER FESTSPIELE IN BAYREUTH

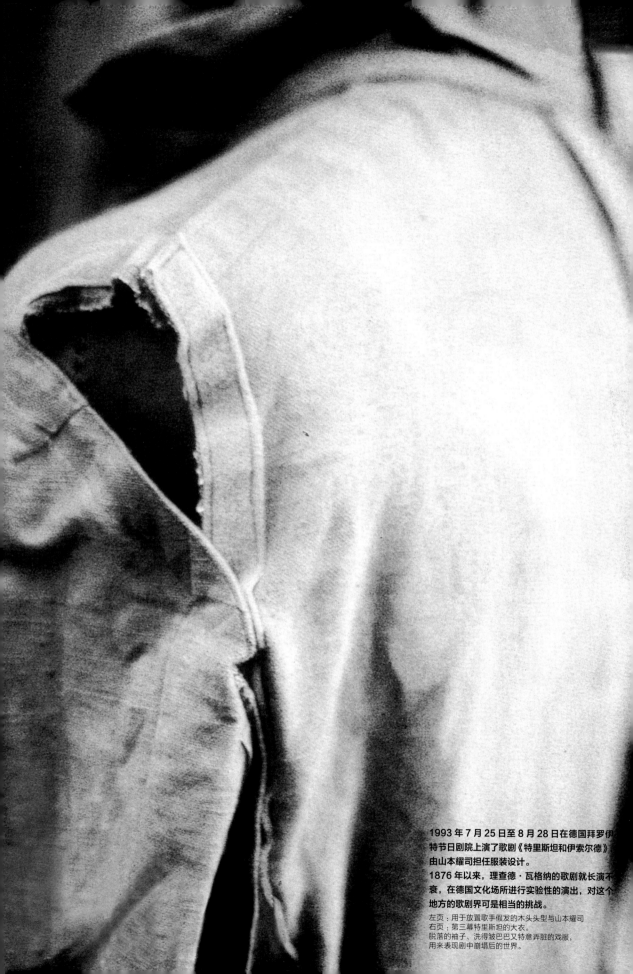

1993 年 7 月 25 日至 8 月 28 日在德国拜罗伊特节日剧院上演了歌剧《特里斯坦和伊索尔德》，由山本耀司担任服装设计。

1876 年以来，理查德·瓦格纳的歌剧就长演不衰，在德国文化场所进行实验性的演出，对这个地方的歌剧界可是相当的挑战。

左页：用于放置歌手假发的木头头型与山本耀司
右页：第三幕特里斯坦的大衣。
脱落的袖子、洗得皱巴巴又特意弄脏的戏服，用来表现剧中崩塌后的世界。

瓦格纳歌剧《特里斯坦与伊索尔德》的演出服。 撰文：藤井郁子

《费加罗报》这么说："在瓦格纳乐迷的圣地拜罗伊特举行的拜罗伊特歌剧节第 17 次惯例的演出，因闯入了历史与政治因素而变得混乱……"德国总统、科尔首相、原外长、法国文化大臣、法国原外务大臣、原苏联总统戈尔巴乔夫夫妇也在演出首日出现，导致开场晚了 10 分钟。"特里斯坦"的灵感源自德国古代传说，由瓦格纳自己撰写剧本，是成熟的三幕歌剧。以悲恋为主题，与莎士比亚的《罗密欧与朱丽叶》相同，其表达的爱的普遍性古今共通。1865 年，《特里斯坦与伊索尔德》首次在慕尼黑被搬上舞台。1993 年在拜罗伊特演出是海纳·穆勒的新版本。穆勒是东德出身的剧作家，作品包括《日耳曼柏林之死》《哈姆雷特机器》等，而歌剧演出则是首次。此次舞台布景是由世界著名的舞台美术家、来自澳大利亚的埃里克·旺德 [Erich Wonder] 制作。从 1970 年的《奥赛罗》到 1993 年的《莎乐美》，旺德拥有 23 年的专业经验。

而戏服制作担当则是日本的服装设计师山本耀司，他毕业于庆应大学法律系和文化服装学院设计系。1972 年成立了自己的公司并开始设计师生涯。1981 年山本在巴黎时装界崭露头角。此次歌剧的服装设计是他继 1990 年里昂歌剧《蝴蝶夫人》之后的第二次尝试。负责指挥的是丹尼尔·巴伦鲍伊姆 [Daniel Barenboim]。他从 1981 年起执棒《特里斯坦》已有 6 季。男主角特里斯坦由男高音西格弗里德·耶路撒冷 [Siegfried Jerusalem] 扮演，女主角伊索尔德则由女中音梅耶尔 [Waltraud Meier] 扮演。两人都是初登舞台。其他人物包括马克王 [男低音]、侍女布朗格妮 [女低音]、梅洛特 [男高音]、库文纳尔 [男中音]、牧人 [男高音] 等等，演出共 6 小时 [包括幕间休息 2 小时]，演员们在特制的立方体箱型舞台上歌唱。拜罗伊特的演出季是从 7 月 25 日到 8 月 28 日约一个月左右。每季演出 7 场，连演了 5 年。

7 月 25 日，《特里斯坦与伊索尔德》首演谢幕时的主要演职员。从左开始分别为：舞台美术埃里克·旺德、服装设计山本耀司、负责指挥的是丹尼尔·巴伦鲍伊姆和导演海纳·穆勒。

平面 [Graphic] 的世界。 撰文：藤井郁子

海纳·穆勒的演出概念是，平面的图像，也就是几何学风格图像。三幕的舞台都采用了象征性的颜色，第一幕是铁锈红。白天航行中的船只。宽阔的舞台被划分成立方体的箱型，前面是巨大的四角形，后面是小的四角形。第二幕是蓝色，描绘恋人的热恋场面。象征骑士的近三百片胸甲被切成三角和四角形排列着。第三幕则是灰色，表达所有的一切都结束了，废墟之中的城市，舞美老师运用几何学风格进行舞台布置，灯光也是一种风格，制造出极其明快又富有紧张感的气氛。演出要求衣服也尽量统一到这种几何风格，加上不会多移动歌手的位置，所以希望制作不易行动的服装，可结果却"增加"了很多动作，被"背叛了"。"舞台上要怎么做平面图像？因为是虚构的世界。但这个虚构又必须包含着真实。多色又平面的舞台，如果出现了光亮的衣服就会互相冲撞。所以不需要多余的颜色。我想使用像洞穴般吸光的黑色，做成四角和三角的洞穴。在寻找面料的过程中，遇到了潜水服材质。很喜欢它吸光的特性。而最中意的是用它做的衣服不会显露出时代感。必须全部做成抽象的形态。我想要从始而终地贯彻抽象论。但结果在第三幕却出现了现代服装——西装。"不过那也是被破坏成破破烂烂加了很多洞的。山本制作的戏服在第一幕有 5 件，第二幕有 5 件，第三幕有 8 件，共计 18 件。伊索尔德有多重叠加穿着，所以实际上是 20 件。耀司连鞋子加手套之类的也一并做了。而为了制衣所做的设计图却一张也没有画。在东京制作的版样送到剧院的裁缝工作室 [约 50 人]，分男、女组制作。"因为并不能完全贴合演员们的身体，所以作为制衣的人，

也不会有完结的心情。只一次就要求不同的团队用我的手法来制版或调整也是不可能的，对于这一点我也感到欲求不满。最难的就是特里斯坦的戏服，第一，第二幕完全决定不下来，而和剧院的裁缝班组一起工作最辛苦的就是，要如何表达我的视角。另一点就是我不想让他们觉得，被其他国家来的有名的设计师差遣。大家都是努力工作的人，不惜自己的劳力这一点和我自己在日本的团队是一样的。"正式在拜罗伊特工作室开始工作，是在男装周发布会后的第二天。从一大早到深夜一直待在工作室，从制版到剪裁、染色，甚至到假发的修剪也都是一个人完成。"除了戏服外，必须完成的还有假发的发型部分。想要做简单的直发。以往时装发布会时也会经常遇到，发型会带着和戏服不同的信息。和工作室的人说了想要简单自然的发型，但也完全说不通。最后决定就自己来剪吧。"这还是第一次手握理发的剪刀呢。山本一边尽情享受着这样的虚构世界，同时又要满足这样的工作意境，于是他提出一个疯狂的设定，就这样有了这个装置。这个由装置艺术家高浜干设计完成的作品，是让人联想到飞机或昆虫的环氧树脂的透明棒子。次日的记者发布会上有人提问这个装置不会对歌唱者造成影响吗？但正因为加了这个装置，才让单纯的几何外形的戏服增加了某些新的韵味。在终场谢幕时所有演出者登台，观众看到了所有的戏服，让人感到耀司的戏服设计的确是成功的。他也说如果下次再做，想要尝试舞台设计和戏服两者一起。

如果说山本耀司平日的时装系列是与现实紧密相连的真实，那么舞台演出则全部都是虚构的世界。
既然是虚构的，就索性将人工的元素贯彻到底。第一幕中特里斯坦的鞋子就选用了耐克的运动鞋。

PROFILE
OF
YOHJI YAMAMOTO
&
Y-3

YOHJI YAMAMOTO

左页：表层与内层使用了不同的印花，是耗时而精致的纺织品。长裙下摆的设计和袖口的折叠、围裙状的连衣裙等，为这个纺织品增添了美感和奢侈印象。腰部装饰短裙形状的panel[缝缀在裙子上不同颜色的纵形布块] 长长垂下。

右页：YOHJI YAMAMOTO2004 - 2005 秋冬女装发布会。

YOHJI YAMAMOTO 与 Y-3，山本耀司创造力的增幅。摄影师：山本 丰

YOHJI YAMAMOTO、Y's、Y-3……在品牌上冠以自己的名字，并不是为了赶上创造历史的潮流。
而是在所有一切都是自己创造出来的这一点上，背负了是否信任自己的信念。
让我们关注这个一月早早发布的 YOHJI YAMAMOTO 和 Y-3，通过衣服来展现和说明山本耀司的创意。

"让衣服恢复力量"的挑战

世界虽然广阔，但像山本耀司一般着手于这么多品牌的设计师恐怕还是没有。两个女装品牌加上男装，还有和阿迪达斯的合作品牌，再加上 Y-3，每年要在巴黎进行 8 次时装发布会。也就是说每隔一个半月就要面对全世界展示肉身。
而这些设计各自方向不同。让人感觉是展现高定时期的 YOHJI

YAMAMOTO，本身虽然取的是高级成衣的形式，但实际上是极具定制特色的，所以也常被人认为就是高级定制。而且，山本自己也说："我的成衣和定制并没什么区别。"他就这样跻身进入了巴黎的时装定制圈，并在转瞬之间得到了认可。Y's 做的是纯粹的高级成衣，而 Y-3 则在时装和运动装之间架起了桥梁。

山本耀司的厉害之处在于，各自不同的品牌都能逆着时代的主流而行，创造出全新的流派，且总是在发布会上传递强烈的信息。例如，1 月在巴黎举行的 2004-2005 YOHJI YAMAMOTO 秋冬发布会。山本给了观众两个命题，一个是"能否让衣服恢复力量？"在发布会上登场的是，绕着极粗链条的黑色西服，让人想到以往的夏帕瑞丽 [Schiaparelli] 的大衣。也有金色纽扣的威严的双排扣大衣。
只看单品的话，很容易被定义为现在流行的朋克和单纯的 50 年代风格，又或是军服风。但是 YOHJI 独特的大胆剪裁和特别的分量，通过精心的组合，和各种主题相比更能突出服装本身的存在感。这样一来，朋克也好军服风也好，就只是一点点的调味了。回首去看，真正好的衣服，其本身就足够美了。"最近都是通过市场、造型，用的都是广告上呈现服装的方法。让衣服本身失去了力气，这也是我们的责任。"山本这么说。
发布会现场和 YOHJI 整体作品中还荡漾着一种趣味。及地的带有东方

情调的小花外套，模特自己随意地穿在浪漫风格的长裙外。之后还有西裤和西装外搭配了以前邮递员叔叔背着的那种有着巨大口袋的背包。海军风的双排扣短上衣和收腰外套，下摆微微向外翻展开，走起路来就会一步一摇摆。
更直接表现出这种乐趣的，是 3 月份发布的 Y-3 系列。原本是为了运动服而做的设计却突然一下贴近了时装，酝酿出一种享乐的气氛来。不仅是加了线条的训练裤、50 年代风格的喇叭裙，连运动帽衫都变成了粉红色的刺绣运动夹克。而最有趣的就是发布的形式。并不是一次发布会，而是以持续了一周的派对形式来展现作品。观众们在有着暖炉的房间喝着香槟听着音乐，眺望着身边放松的模特。
在战争和恐怖活动阴霾层层笼罩之中，这样的乐趣也许正是时装的责任之一。这样的衣服，一定是从不那么年轻的设计师感到性命相关的制衣的热情中诞生出来。这一点，打动了人心。

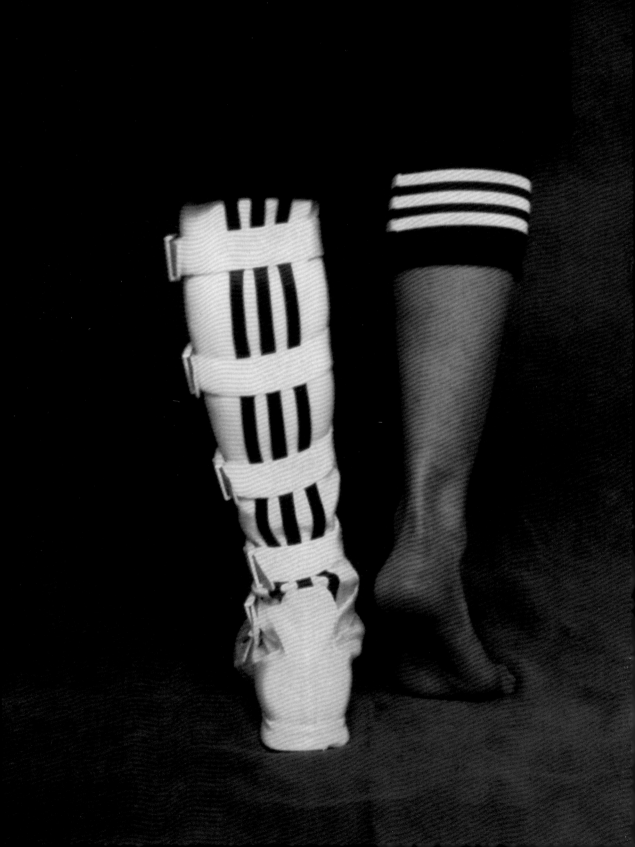

Y-3

左页：在单边的下摆上画上了三条杠的训练裤和独特的长靴。
右页：独家发售的系列中，这一季代表性画家 Tsuemura Saeko 的涂鸦，印制在双面的夹克衫上。统一了调性的褶皱女裙上也有着相同的刺绣。

山本耀司访谈录。 1997

日本孕育出的世界级设计师，山本耀司。

无可置疑的巨人，却有着巨人这一称呼不符的细腻和与众不同。

坦然直白的言行，在现实的世界中释放着异彩。

山本耀司这 20 年的轨迹让电影导演维姆·文德斯想要将其收录到胶片中。

从既定的时尚的语法中溢出来，那么美。

以他的语言为媒介，总是挑战着既成的东西。

想要窥看这个世界。

YOHJI YAMAMOTO's TALKING SESSION

#001

在巴黎出现的日本人。

1996 年 10 月 12 日。YOHJI YAMAMOTO 的 1997 春夏时装发布会举行。仿佛是向巴黎传统的高定时装挑衅一般，这些作品赢得了所有人的掌声和赞赏。而 80 年代初期在巴黎出现的日本设计师制作的衣服，人们向它们所投去的一半是抗拒的眼光，现在性质已经完全不同了。这 15 年间，巴黎也变了。

——耀司先生首次参加巴黎时装周是在 1981 年，在此一两年之后也是和川久保玲一起在巴黎引起了一番轰动。这应该是以"逆向进口"的方式为巴黎涂抹上日本时装的色彩了。去巴黎，最早就在耀司先生的时间表之中吗？

山本耀司 [以下作山本]：嗯，特别自然。我的时代应该可以说是巴黎时装界一边倒的时期。在学校 [文化服装学院]，也是要学习巴黎时装这一课题的。所以对于巴黎有着老师般的印象。学生对老师总是带有一半讨厌，而另一半则因为是它教的所以也希望它什么时候能表扬我……在东京开始设计师生涯的时候，总是听到：巴黎是这样做的……巴黎现在正在流行这个……巴黎的顶级设计师现在在做这些……每次别人这么说，我就想要做些不同的事情来。

久田小姐 [当时 high fashion 杂志的主编久田尚子] 在我刚开始的第三年还是第四年的时候来过我的发布会，她说你要把这脏脏的东西做到几时啊……巴黎更富有色彩更漂亮啊，为什么你要做这些，适可而止吧。她曾经这么说过我。但这并没有让我对她的印象不好。现在回首想想，当时的我的确是不看周围埋头工作的。流行是怎么样，巴黎发生了什么都完全没有关系。在自己的世界为了自己的伙伴而做的衣服，希望将它变成以东京为中心的伙伴们的衣服，完全不在意跟巴黎有什么偏差，跟伦敦有什么不同，说不定这也是我的一点自负。

——那时候有没有具体想要反抗的老师呢？

山本：我们最先学习的是皮尔·卡丹 [Pierre Cardin] 和伊夫·圣·洛朗。自己稍有兴趣的是纪梵希 [Hubert de Givenchy]。就是在那个时代，在那个流行下学习起来的。学的是所谓结构型的未来风格和大都会的方向。

——玛德琳·薇欧奈 [Madeleine Vionnet]，也是到了很后期才发现的吧。

山本：肯定是这样。如果那时先学习了薇欧奈，那么迄今为止自己的活法也很可能会改变。薇欧奈和嘉柏丽尔·香奈儿 [Gabrielle Chanel]，对于年轻的男学生来说，或者说对于自己尚不清楚自己是否要认真从事时装行业的男孩来说恐怕是太难了。

但当时，和现在的情况很相似。在全世界只要是进口品就被认为是好的，就会占据好的市场……那时候最强盛的是圣·洛朗吧。只要是售卖圣·洛朗的店家，就好像一定是高档的，就是这么一个时代……但我想要制作真正意义上的从日本诞生的衣服。所以虽然学习了高级定制但是并没有被它影响，这大概也是正确的。

——在巴黎的时候，和 COMME des GARÇONS 一起出现，获得了很大的反响，算是毁誉参半，毁的部分可能还更多些，会收到"这也算是衣服吗？"的评价。

山本：但其实是好好制作了的衣服哦。我本是以制作大衣起家的，做过许多风雨衣、双排扣大衣。所以完全能制作这一类正式的衣服。虽然有很多年轻设计师都是从衬衫开始起步的。有时候，面料工坊的老板特别给我制作的，用动物毛发编织的布料，我就用它来做了衣服，完成后却发现有什么不对劲，看到面料时的感动并没有体现出来。于是，在发布会的前一天紧急将它们全部丢进洗衣机。干了以后也不熨烫就

那么皱皱地直接上了发布会的舞台。从某些层面看是追求面料，或是类似面料感之类的东西，外形也是接近和服的直线造型……去巴黎之前的那段时间试验了许多面料，精密地计算衣服的重量是多少，还做了各种关于平衡的尝试。在这之后才终于到了一个阶段。即便是看那些在工作室和工厂里落下来的碎布头，也会开始感觉它的美。我不知道自己的制作周期是进了还是退了，正好是想要破坏衣服的那个时候。决定了去巴黎。

另外有一点是，我们在日本全国都有了销售。在营业部贴着的日本地图，上面用图钉作着记号，从冲绳到北海道基本都铺全了。会购买我们这样的衣服的店铺不会很多，因为不是主流服装，所以也觉得日本差不多这样就够了吧。那么就在巴黎开下一家店铺吧。喜欢这种品味衣服的巴黎女郎，我想一定会有百分之几吧？

但我是个脾气古怪的人，是特别猛烈的古怪人，我也一直觉得自己很蠢。作为单纯的制作者，明明按照心意向前进就好了，可偏偏在决定了去巴黎之后，却将日本元素全部撇了个干净。直线剪裁也好，或是日本和服式的东西也好，将这些谁见了都会觉得是日本的东西全都撇掉。就是想用欧式的剪裁方法在巴黎一决胜负。最早的发布会的主题是葡萄牙，以第一件西洋服饰进入日本作为了主题。但别人居然也说那个非常日式，真是让我大吃一惊。而同时期去巴黎的川久保玲则直截了当地做了和服……

——好像插秧农作服呢。

山本：是的，我也吃了一惊。都去了巴黎为了什么还是和服呢？第一次去到巴黎的日本人为什么还是做和服呢？川久保玲说使用欧洲的题材是需要相当的力量的。但当我还在想为什么还是做和服的同时，又觉得就这么简单直接也挺好的，正因为是那个时期。我在那时即使明白了这些也会反着干的。如果这么做就会受欢迎的话，那我也绝对不会去做 [笑]。会不好意思。

之后，从第二次、第三次开始，就被叫作破坏衣服了。

——都是些看上去很吓人让人没法穿的洋服啊。

山本：说什么的都有呢。我也是当作实验玩得很开心罢了。那时候还放出豪语。我可不是为了让你们穿着才设计的。这么一来连稻叶贺惠 [同样在巴黎时装发布会上引起世人关注的"Bigi"设计组的一员，] 也大吃一惊。

——预想到巴黎的反应了吗？

山本：分析一下的话其实是正常的反应。妇女解放运动、女性出入社会、在女性变得更富有智慧的时代，蒂埃里·穆勒、克洛德·蒙塔那肯定是不会喜欢那样的女性的。女人还是要扭着身子，端着盆子走过去说"はい"[好的] 才好，因为她们就是做了类似的事情啊。在穆勒和蒙塔那的热潮退却之时，正好我来到了巴黎。巴黎的买手和记者们仿佛也在寻找有没有什么新的东西。所以虽然只是开了一家很小的店，但涌进来各个国家的人询问："你们店可以批发吗？"真是让我大跌眼镜。而这，竟然还早于杂志和报纸的报道……

1981-1982 秋冬
Yohji Yamamoto
在巴黎的首次时装发布会

——这样啊。但巴黎有巴黎的尊严，和尊严相关，因此不会单纯直接地称赞吧。

山本：最早刊登报道是《解放报》[Libération]。但其实，《解放报》只是将我和川久保玲的工作作为题材，然后说了他们自己想说的，挑衅了既有的时装记者的观点。

——但《解放报》之前并没有关于时装的版面呢。和《法国世界报》[Le Monde] 或是《费加罗报》[Le Figaro] 都不同。没有专职的时装记者，但却出了第一期号外的时装发布会号。

山本：啊，是吗？和《费加罗报》这种传统时尚唱着完全反对意见的设计师出现了，《解放报》利用我们说了出来。之后人们就蜂拥而至。真不得了。大楼 5 层的事务所的电梯都要被来的人们挤坏了，还叫嚷着"卖给我卖给我"。在电梯前，职员们还要进行疏导人流的工作。

我想说的是，我并不是为了这个去巴黎。在日本我们是小规模的，我想在巴黎也一定是有着数量差不多的少数人喜欢这种风格。要是有这些人来穿就好了，我就是想到这些才去的巴黎。巴黎作为全世界的美的橱窗，只要来了一点奇特的新东西，就会成为争论的焦点，成为新运动风潮的面料……我们也被折腾得够呛。

——之前你也说了最早去到巴黎的时候，是希望一小部分的巴黎女郎可能会穿，这部分巴黎女郎会是什么样子的呢？

山本：嗯，早上起床后头发也不梳，在睡衣外面还套上了双排扣大衣，在衣服外面扎紧腰带就出去买面包和报纸了，然后还叼着烟，风情脱俗，有这样的女子吗？[笑]。
完全不打扮，好像穿一件羊毛开衫就哪儿都能去。肯定是这样的女子。

——非常潇洒啊！

山本：这种怪癖的女子在一万个人中会有一两个吧？这样的女子的眼光能稍作停留在我的衣服上，或是真的穿上的话我会很开心。因为就是那样的衣服啊……简单地说，在经历了正统派、保守、经典之后，她们已经厌倦了衣服，她们疲劳了，我想为了这样的女人们做衣服。

——那结果如何呢？

山本：那时还不到时候，但是演变成了这么一个大事件。真的是毁誉参半。毁誉参半这个词都不足以形容。有盛赞的，也有贬得一钱不值的……不知不觉间，被冠上了"日本时尚"的称号。虽然不知道是谁起的，但只是指我和川久保玲。三宅一生就没有。高田贤三也没有。为什么只是说我和川久保玲呢？是指我们是从正面开始对所谓传统美学的挑战，所以就成了这样的代名词？而这完全是对方个人的想法，我们和他所指的并不一样。巴黎女郎……最潇洒最帅的是她们啊。为了让她们穿上我们的作品所以才来的巴黎。并不是为了反抗才来的呢。虽然我们这么打算的，但却成了对抗巴黎的传统美。甚至还有人说我

们是"黄种人"。

——这些巴黎的评价对你今后的创作有没有影响？

山本：嗯……即便明白了流行的倾向，我也不会改变绝对要试试和它完全相反的古怪脾气。决不要成为走在道路正中的设计师……也就是说，不会变成正统派，在那个时代，不要变成 1980 年代的正统派。而我还是无论哪一季都以对抗那一季的品位一路走来，好不容易。

——但是那个时候和耀司先生的这种烦恼正相反，其他人虽觉得不是最最主流，但对年轻人来说却是相当主流……

山本：是的。当时欧洲的年轻人，现在差不多 30 岁左右吧。我们从 1982、1983 年左右开始，那期间的五六年都做着如此具有冲击性的工作，的确有人直言，说自己受到了 COMME des GARÇONS 和 YOHJI 的服装的影响……

——法国记者怎么样？据说在法国，记者对时尚行业都有着极其认真的批判精神。有没有感觉和日本相比，他们更看得更细致、锐利？

山本：这也是因人而异的。大概可以分成三类吧。我觉得日本也是一样。第一类是为了钱而写作的人。其次是不符合自己的美学观点就决不会赞赏的。最后一种是，虽然和自己的审美相左，但里面一定有点其他什么，认真地将评论写成一篇作品的人。当然我最喜欢第三种。换言之，评论文章，其文字本身也是一种时尚。不过有时会有用日语怎么都写不出来，表达不出来的，用法语就可以的情况。维姆·文德斯也这么说过。"艺术只能用法语来写。"英文也不行，只能用法语来表达。所以我读了也看不懂。请法国人帮忙翻译了，也全部都是直译，完全不明白它的意思。但巴黎有连续看了 50 年时装发布的记者吧？就是这些人，他们的敏锐眼光还是能让其他人学到很多东西的。有着这么一群经历了整部时装史的人，真的是非常厉害的。皮尔·卡丹以前的恋人也是记者。也有认识迪奥 [Christian Dior] 先生本人的走路摇晃的老妈妈记者。但有趣的是，或者说不得不留意的是，不仅仅是时装界，支持着巴黎的并不仅仅是法国人。外国人的比例也很高。

——巴黎，是所谓的"地利"吗？

山本：嗯。其实很少遇到土生土长的法国人。这也是法国文化政策的有趣之处。它将新的事物、具有可能性的事物不断地带到巴黎来。好像一个具有评判力的商品展示柜一般。如果打个比喻的话，巴黎就是卢浮宫。差点被德军占领的时候，最早运出来的就是卢浮宫里的艺术品吧。它就是这么重要的存在。我觉得法国人本身就很重要，而他们法国人自己却觉得和人比起来艺术品才比较重要呢！

——耀司先生的洋服不是也在对方的美术馆里吗？

山本：有几十件吧。不过，那都是我不知道的。[笑]

#002

现在的我，有那么一点焦虑。 摄影：简井义昭

这次迸发的言论有点过激。
仅仅因为年轻就觉得在社会上应该站在优先的位置，对于不知道为何坚信如此的年轻人，
对于让他们安于现状的、不费力的、保守的日本社会，我挥出了重重的一拳。

作为时装设计师，在流行和时尚中应该起到怎样的作用，处于怎样的位置，以及他们面对着 21 世纪又会有怎样的变化，最近我对此非常有兴趣。1960 年代后半叶到 70 年代的时装，虽然逐渐式微，却是狠狠地流行过。那种衣服，就是以身体为原型，准确地做出小一号的衣服，肩宽很窄，有时候会再加上一个老气的袖子。我想继续下去的就是，这种衣服外行也做得出来。那在这样的流行之中，时装设计师究竟承担着一种什么作用呢？常有人说，流行是从街上开始的，设计师只是追着它跑而已。这大概就是一般流行的基本要素吧。川久保玲好像在什么杂志上说过：“简单安逸的时代实在让人厌恶，无法忍受。”制衣者肯定也是一样。但对于消费者来说，简单安逸的服装，应该也具有现代的意义与价值吧。

另一个我非常想说的就是，一种只在日本发生的特殊现象。那就是：被叫作“大小姐”的这种人，或者是靠着父母援助生活的年轻人，他们都穿着世界级的高级名牌，这是一种异常现象。从日本人本身的文化论、精神论来看，也一定会变成这个样子，我也不会用什么深奥的话来分析，但这件事在我看来就是非常不可思议的，是非常异常的状态。欧美的年轻人，是绝对不会穿这么昂贵的衣服的。他们能用二手店或者跳蚤市场买来的便宜衣服，把自己打扮得非常有型。大部分的衣服都只有两三千日元就能买来。我觉得这才是年轻人特有的帅气。话说回来，日本又是怎样的呢？叫嚷着名牌、名牌，甚至一路追到意大利去的也大有人在，还有人为了买仿冒品跑去香港。如果是过了一定年龄，也完成了育儿工作的阿姨，作为一种消遣，跑去奢侈购物什么的，也不是不能理解，但为什么年轻人也要这么做呢？我认为这是只有在日本才会发生的特殊现象。那种女孩，我不觉得她们是“女人”，是愚蠢的小女孩。她们被宠坏了，觉得年轻就了不起，年轻就最伟大。我又年轻又貌美，你一定想灭吧？她们脸上就这么写着。对于过了 25 岁的女人，就侮辱性地以“欧巴桑”称之。但这居然也被默许了。就是因为日本的男人们觉得这种小女孩是“鲜肉”，新鲜、肉感、性感，就是可爱啊，所以才把她们哄得七荤八素，不辨方向。

日本人是这样一个人种：因为生活在岛国，所以相互体谅，甚至相互纵容。大家都觉得好，而你逆着行事，就会遭到排挤。有问题意识的人、有反抗意识的人，一定会被这种村落社会所排除在外。而被排挤在外的人中，具有果断行动的话就投奔海外。虽然我也不确定这么做到底好不好。

总之，现在这个世界就是一个恶趣味的时代——穿着普拉达，带着爱马仕戒指，背着路易·威登的皮包，穿着芬迪或费拉加慕的皮鞋，全身都包裹着名牌，开着不知道谁给她买的宝贝宝马或是保时捷。她们会读《装苑》吗？应该不会吧。她们要读时装杂志大概也是 VOGUE 或者是日本杂志里特别制作的专题《意大利名牌》《世界名品》这种。全都是守旧的，毫无疑问彻底沦为了保守派。总之，只要装作有钱的样子就好了，这种恶趣味，在现在的日本已经弥漫成了一股难以遏制的风气，这就是病！

那么与此相对，说起来日本的时装设计师又在做些什么呢？不过是将我和川久保玲做过的 80 年代的前卫方式再重新思考一番罢了。尝试将服装弄坏，涂抹甚至剥离。放眼看看比利时和奥地利，越来越多的年轻设计师效仿安特卫普出身的德赖斯·范诺顿 [Dries Van Noten]，他们并不制造所谓作品的服装，而是作为潮流的引领者，做出与时代背合拍的、轻松的、褒义的安逸、简单的服装。

一路支撑着高级成衣的专业设计师也都说要去做高级定制，蒂埃里·穆勒，让-保罗·高缇耶都这么说。阿瑟丁·阿拉亚也是如此。

所谓高定，简而言之就是法国的国策产业，也是法国人最重视的领域所在。在它已经逐渐石化的今天，工会有所动作想要做些什么。想要反抗这种古老价值观的年轻人已经出现，但那些以前年轻过的设计师却都接受了资助打算做高定。这样的话，要领导未来时代的年轻人们，他们如果把这叫作街头的话，那么街头和设计师就会背道而驰，越来越远，产生距离。今后要如何联结现实和设计师们？我认真地思考着。那些曾经的叛逆青年，被称为“可怕的孩子”的设计师，为什么会被改造得想要去做高级定制的呢？现在，整个世界都是保守的，华丽的服装最好卖。意大利风尚正凌驾于全球。我猜想，在这样的环境下，巴黎大概是想借复兴高定来重新夺回领导地位吧。所谓意大利时装，其实真的是很保守的。

法国的记者们，经常把普拉达 [Prada] 的衣服当作是恶趣味的象征代表。我觉得，缪西娅·普拉达 [Miuccia Prada] 所做衣服的样式，虽然外行也能做，但在这类服装里，缪西娅确实是做得最好的。无论是细节的处理，还是剪裁、缝纫以及衣料的搭配上，都做得很好。但即便如此，我也不觉得这样的衣服能帮助将来的年轻人解决什么问题。好像经文一样，它说只要你念就能得救。说的就是那样的衣服吧。

另外，为什么日本的年轻姑娘，会有这样不可一世的姿态呢？我指的是这些，16 岁左右到 22 岁左右的小姑娘。要让我说，这些女孩从高二、高三开始就已经是一副“娼妓”面孔了。受到了电视节目的影响也很大吧，也可能是那些控制日本色情业的成年人的战略吧。

在这种事情上，我的想法可能是很老土。这个年龄的“年轻”，正该是向大人提出疑问、向自己提出疑问、向社会提出疑问、向大人们所建立的规矩提出疑问，并为之苦恼的时期才对啊。因此，这也正是该去思考、去烦恼、去阅读的时期啊。但现在完全不是这样。就只有色诱，脱了水手服 [校服] 就换上高级时装，除了名牌就是名牌。现在所谓的名牌，就是指意大利时装和某些法国的奢侈品牌吧？全都过时啦，都是老早以前的牌子呢。所以，我们这些设计师的工作就是要面向她们，把这种强烈的反对意见传递出去，不是通过语言，而是通过我们制作的服装来告诉她们，那些都太老土了，太笨拙啦。我就是这么想的。同时我也强烈地感到，在这一点上，设计师们的能力也还远远不够。当然，这也包括我自己。

我呢，非常喜欢玩重金属和摇滚的年轻人。所谓摇滚，不就是精神本身的反抗吗？为了走学校的正统路线而勉强自己迎合，开什么玩笑，他们才不干呢。去玩摇滚，去当暴走族，这些都是反抗。所以我很喜欢这些孩子所穿的衣服。白天干着体力劳动，晚上就去玩乐队，这是我心目中"愤怒的年轻人"的形象之一。这其中也可能有一些人仅仅是外在的"摇滚"而已。不过，日本是否真的有能孕育摇滚的环境，这话且另当别论，欧洲的朋克也是因为有阶级社会的原因所以才会走上这条路，而且也很容易和毒品扯上关系。

总之日本就是实在太轻松了，太太太轻松了，干什么都不会饿死。我非常讨厌"飞特族"[Freelance Arbeiter，自由打工者]这种说法。所谓"飞特族"，完完全全是社会娇惯姑息的产物。什么也不干，也有人给你饭吃。随便打个工也能把日子过下去。如此放任着年轻人的日本社会就诞生了完全不同的两类人，一种就是"飞特族"，另一种就是全身名牌的有钱人家的脑残大小姐。而且最近居然还有人一开口就讨论家庭出身，或者从什么大学毕业。这不是完全回到了过去吗？太保守了。我为他们感到悲哀，十几岁就过着如此享乐的生活了，那以后怎么办呢？转眼之间，人就老了啊。

浮躁。我觉得"浮躁"就是这个时代的关键词。因为现在正是一个丢失了哲学和思想的时代，以前的人们会为马克思的理论而倾倒，拼命学习不同哲学家的思想和研究。姑且不论人们为此到底有多么苦恼，这年轻的苦恼该如何克服，人们有着可以成为教科书般的思想领袖。但现在没有这样的人了。失去了指引，也没有共鸣的痛苦思想。所以连自己的肉体也成了轻浮的噱头。说得夸张点，日本的年轻女孩，全都是"妓"！她们不是为生活所迫不得不为娼的女人，而是纯粹为了玩乐而为之的卖春。为什么要说它恶劣？因为日本的社会容忍了这种用年轻的魅力，偶尔来换点钱的整体氛围。因此，作为有钱人象征的时装用潮流、名牌来压垮了日本。思考关于成年人的深刻疑问，在痛苦中寻求的解决方法，那些都被认为是过时了、过气了。不单是年轻人，对于每一个人来说，今后生活中最重要的东西就是这了，这样真的好吗？自己所感到的烦恼到底是些什么？虽然我自己会思考这些疑问，但真正去直面和解决这些疑问的人都已经很少了，在色欲横流的世界里混混日子，也就渐渐淡了。

现在所有的时装学校都是以设计优先，如何踏踏实实地去做一件衣服却不会去教。这都是要经过训练与锻炼的，就连狗都是需要训练的，但日本现在的年轻人却完全缺乏锻炼，学校教育中也没有。我所说的训练是非常痛苦的，甚至会让你自问为何我要这么做。但我想大声地告诉大家，很多东西只有经过训练之后才能去了解、去发现。钢琴练习也很痛苦吧，其实这些基础的东西都是一样的。但这种痛苦，现在的人们已经无法承受了。一旦经历了这些痛苦，你就会获得全新的发现。现在的年轻人，对于我这一番老年人的怒言，大概已经烦死了。

我偶尔会去练练空手道，但经常是头脑中记住了动作，身子却不听使唤。相比于大脑思考，身体要更快地行动。为了达到这一点，就需要不断重复的训练与锻炼，这样才能使身体比大脑反应更快。就是这样的，说得夸张点，请你们更信任一些经过磨难而看到、而收获的东西吧。如果你看不到那些，那你所做的东西就还很肤浅。这也是我大声对所有《装苑》的读者，或是有志于在时装界发展的人说的。现在这个信息爆炸的时代，品味好的人、会画画的人可能有几十万呢。想要成为设计师的年轻人，都打扮得非常时髦，但我觉得没这个必要。在接受训练的时候，穿脏脏的T恤和牛仔裤就好，套一件旧夹克每天去上学。这样的经历年轻时一定要有的。经历过这样的时期，你才可能看见新的事物，才会发现以前自己办不到的事，突然豁然开朗，一下就能做到了。这就是我最想说的。就算是用鞭子抽，我也希望年轻人能做到这一点。一般的学校教育已经是很荒谬了，但就算进入了为求职而设立的专门学校，也完全没有相关的训练与锻炼。现在的学校啊。

再回来说我自己，空手道已经练了6年了。这其实和钢琴课很像，就是不断地重复基础练习。一年半以前我拿到了黑带的初段，但这之后依然是每周两次做着基础的重复练习。也因此，才能做到"身体行动比大脑思考更快"。

体育运动让我对人类拥有的潜能与潜力的厉害之处感到惊异。举个例子来说，一般的体育运动，都需要体能与力气的支持，所以也会有年龄上的极限，但是武术就没有这么回事。比如说我练的这个，身高在一米八九，体重二百斤左右的壮汉，我都能一招击倒。这就是我训练的内容。这虽是最终的目标，但为了达到这个目标，就必须学和学钢琴一样，重复基础、基础。说了那么多空手道的话也不知道合不合适，但它无关年龄，而是需要把自己身体的潜能运用到极致。简而言之，一般打人的时候呢，最简单地都会觉得是要用手。但实际上，拳击也好，空手道也罢，都并非如此。拳击靠的是后背的力量，空手道靠的是腿的内侧和脚腕的肌肉，以及腰部的扭转，都不是靠手。不是有那种玩具飞机吗，用皮筋一拉，就飞出去的那种，和那个一样。就是将身体扭转到极限，将全身的力量蓄积起来，然后在瞬间发力攻击。但到了真打架的时候人就会慌，为了不临阵慌乱，同样需要训练。

那是不是山本耀司就会去打人呢？完全不是这样的。如果真的遭遇到了不讲理的情况，被一直打，我都会忍，但他如果再一直不停这么打下去我可能就会重伤或者死掉，那种情况下我才会出手。这是在训练过程中，形而上的有趣想法。练习空手道，我感觉对于自己的生活方式并没有太大的影响。只不过真的遇到事的时候，比如在街上有人挑衅，有人没事找事的时候，我能够冷静面对，不慌张。冷静地平息事端，但绝对不会认输。能冷静劝解，就是我最想要的。而其实我练空手道真正的原因，是为了拥有可以坚持长途飞行的体力……

想要轰轰烈烈生活的人，全都离开日本去了国外。好像不得不这么做呢。我也想脱离开日本，在另一种意义上……

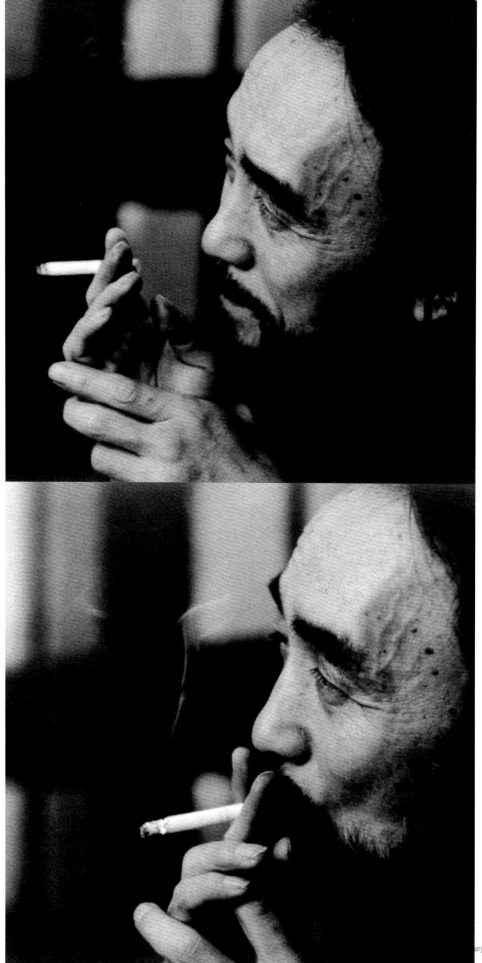

#003

对伟大传统的讽刺，抑或是赞歌。

第一次挑战"能笑出来"的服装制作，是在 1997 年春夏时装周。设计师不想被认为那是怀旧，而是用幽默的方式对美做出了全新的解释。这种魄力，在时装秀进行到展示第三件服装的时候，就卷入了爆笑的漩涡中。

1997 S/S

——这一季的服装，是以什么为主题，或是有什么关键词吗？

山本耀司［以下作山本］：关键词吗？嗯……怎么说呢。

进入 1990 年代，特别是这四五年，舶来品的潮流还是盛行。特别是意大利系的，高价的，无论谁穿了都显得特别华丽的豪华服饰。很多没钱的年轻人则选择 70 年代的 vintage，或是跳蚤市场里卖的二手衣。流行被分为了这两股潮流。在这样的时代感中，我们设计师的作用是严格区分造型师和设计师的两个身份，不仅仅是设计创作产品，而是在制作中让消费者明白明天会是这样，你想要变成这样吧。我也知道现在是一个特别苦难的时期。在传统事物中的确有很多美丽的东西，70 年代对于现在十几岁的孩子来说也是初次接触，会觉得其中有很多新鲜的东西。有人说，如以往时装的亡灵行走在现在这个时代一般。在世界潮流向后看的这个大背景中，所谓现代的或者今后的全新的女性形象是什么呢？所谓制造新的时装又到底是指什么呢？不要总是回顾，去追究那些究竟是什么……这，才是主题。虽然这有点难。比如说去了印度旅行深受感动，这次的主题就是印度，这样的事情很容易让大家明白，但我这里是完全没有相似的情况。

使用所有现代的素材，将现在的我们略显沉重的气氛，切换到一个发现全新的美的角度，希望能让大家看到一个不同的方向。

——这次有香奈儿风格的西服呢。当然实际上，制作的人和时代已经完全不同，所以也已经是完全不同的产物，如果用语言来表达的话，应该是……

山本：香奈儿啊……真的很难呢。怎么说好呢……它成了一个模板了。香奈儿的西服就是这样的，是谁见了都明白的样式。像把塑料模型分解一般把零件全部拆开，然后再重新组合起来，我就是这么做的。并不只香奈儿而已。因为这么一来，香奈儿套装中所要求的船形舞鞋的细致缝纫也好，华丽编织也好，都可以看出那是一种被模板化的化石般的存在，但我觉得没有那些东西也可以做香奈儿西服啊。所以现在，我没有利用那些店铺里陈列着的香奈儿套装的常识，而是尝试做了一下可可·香奈儿本人还活到现在的话也可能会这么做的事情。

我将下摆裁平，让线零零落落地露出来。鞋子也不再是软皮平底鞋，而是用和套装同样材质的布料做成无扣平底休闲鞋，但边缘也是剪开后毛毛的原样。说得更专业一点，就是将原来香奈儿套装去除了袖子，特意做出碎碎的样子。为什么这样呢？因为可可·香奈儿最喜欢的面料是生丝之类密度稀疏的手动衣料。密度稀疏的纤维很容易伸展，所以做不成紧密的款式。柔软的、稍微有些走形的贴身的款式才具有韵味，我一直这么觉得的。当然，技术上是很不容易的，一直钻研这个问题，尝试着做了出来。

说得夸张点，时尚也好潮流也好，看的、做的、评论的或者编辑的，无论哪个专业都最少要看过 15 年以上的时装秀才能明白我这场秀的意义。就是这么有难度。

发布会结束后有几位艺术家到了后台。"我没有穿过香奈儿的套装，但是想穿穿看这个样子的香奈儿套装。"他们中有人这么对我说。这是不看到实物就很难体会其中韵味的问题。照片上也很难体现出来。录像视频也不行。

——是不是就算是实物，但只是挂在衣架上展示也一样很难完全理解个中意义？

山本：只是挂在衣架上，能懂的和不能懂的人群的比例会是怎样，我也挺期待的。

不仅是香奈儿，我也有对克里斯汀·迪奥的 New Look 和巴黎世家［BLANCIAGA］的模仿。它们都是和香奈儿同时期的，是营造了高级定制全盛期的名牌。然后也有我自己对于 80 年代以来经历过的产物的模仿。对于中国的民族服装的赞美也有。也有一片一片手工绣上亮片的蕾丝，然后用剪刀将其胡乱剪开做成的裙子。就是想取笑高级定制的那种制作精良的价值观。

——这次有没有什么未能按计划行事，遇到了麻烦的地方？

山本：雪纺绸，又薄又透。用它来做迪奥 New Look 系列的时候遇到了麻烦。也就是要做透视的 New Look 的款式。New Look 将腰身清晰地标注出来，臀部则是夸张的廓形，这也是迪奥的标志所在，它严格区分了上下半身。但雪纺绸是垂顺柔软的材质。用这种材质，在这里想要做出蓬松效果，却又不想做出夸张的底衬，于是做了各种尝试。最后用棉的华达呢取代衬裙，一起缝进了裙子的内里。

致敬、模仿、讽刺都是连续的，而模仿的部分不可笑就没意思了，这也是让我花费了很多心血的地方。模仿是严肃的矛盾。所以初次挑战去制作让人看了就想发笑的东西。这场发布会一开始，在第三位模特出现时现场迸发出了观众的爆笑。我就想，啊，大家明白了呢。所谓幽默，也是品味的最高峰。没有品味的话，幽默也是无聊的。用文字来说的话就是，喜剧。悲剧能简单地让人感动。但喜剧却是有难度的。从这个意义上来看，喜剧比悲剧有着更吸引人的地方。在这一点我不作迎合而是决定让大家笑。幸福地笑，快乐地笑，能做一场这样的秀就好了，我对此非常用心。

当然，如果陷在自己的发布系列的泥沼之中痛苦挣扎，那肯定是做不好的。留下一些距离，尝试着将自己本身也丢弃。这种造物之上的冷静的距离感，对于任何领域的创作者，都是最艰难的。脸上写着这么辛苦啊，这么痛苦呢，这种让人紧锁眉间的作品已经实在太多了。人人都能这么做。今后我想做的是，将极其深重、苦痛的思想用轻松的方式表现出来。但这是没有余暇就做不到的，没有冷静也是做不到的。一般会有 10 次左右的预缝，但这一季其中有两三次我在预缝时就笑出来了。在更衣室模特换完衣服出来的瞬间，我又笑出来。这真的是很少有的情况呢。版样设计师比我更甚。轻率地逾越了不可踏入的禁区，制作出特别可笑的衣服，他问我这样真的好吗？这一季的工作里就包括了这种乐趣。

——从这个意义上也可以说，如果员工不能完全理解耀司先生意图，并将之表现出来的话，这个系列也是无法成功的。

山本：是的。所以说时装和拍电影很相似，是全员合作、团队合作。电影要讲的是怎样的一件事，全员必须全部理解，统一、一致，才能完成。时装也一样，就这一点上来说，两者是非常相似的。那家伙这次要怎么弄啊，如果有好几个人理解了的话真的会好办很多。但这只是完美到不可能的想法。常常是发布会结束之后，一起工作了努力了的工作人员才明白，啊，原来是这个样子的啊。

——这次和你想要达到的效果一致了，全场爆发了笑声。这也是和以往发布会不同的地方吧。

山本：这是最大的不同。因为之前都没有过让人发笑的事情。

——开始前肯定还是一如既往的紧张气氛吧。

山本：是的，特别是巴黎时装周。总计90场的发布会里，每个记者会参加其中的40至50场，买手也会每人看20到30场左右。这些人可都要来哦。左右分开6排，来的都是非常专业的人士，都是看过了各种大场面的厉害角色。所以开始前，大半数人都是因为工作原因坐在那里。用开场的前两三套衣服就吸引住他们，难道不是我们最重要的工作吗？他们拼命写笔记的话，就糟了。要让他们记笔记的手停下来才行。

——除了引发笑声外，还有其他什么特别的反应吗？

山本：有。没想到全盘否定我15年设计工作，非常严厉的保守派记者们也都全体起立鼓起掌来。我自己很喜欢也很尊敬的意大利版 *VOGUE* 的主编来到后台，说："第一次看了秀之后起立拍手，今天是我的第一次。"她这么说，让我觉得"啊，是吗，真的这么了不起吗？"其实我呀，只想要模仿取笑一下。[笑]
但说到模仿，回到最早的话题，对于现在的风潮、现在的时装、现在的流行，这场秀对大家所怀抱的疑问是否做出了一些解答？我想这也是这场发布会的一个特征。因此，我从各个杂志社的主编们那里收到了感谢信。看了这场秀之后激发了编辑的灵感。但是，这样的秀可不是经常能做的哟。下一次肯定要失败的。[笑]

——怎么会。不过你曾在哪里说过和被表扬相比，被批评之后反而更能顺利地进行下去。现在已经在考虑接下来的工作了吗？

山本：衣料已经开始制作了。所以不得不从头上就丢掉它[1997春夏系列]。虽然不得不丢弃，但现在有这个采访我又不得不想起它啊。[笑]基本上，下一季的形象在发布会结束后的瞬间就会迸发出来。在那当天就会。这个系列还有这些不足，还有哪些没做到，然后从这里面冒出来。

——那这次也是在完结的瞬间冒出来的吗？

山本：这次不行了呢。我这次在发布会结束的当晚思考，要不索性停手不干了吧。

——这是，所有的都做到了的意思吗？

山本：与其说什么都做到了，还不如说觉得自己干了件惭愧的事情。因为被各种误读。有说耀司要做高定了，有说是新定制的，作为80年代初期的先锋设计师被舆论"群殴"，说我这个对欧洲传统美学一直抱怨不停反抗的人，却在这里做了场高定发布，大概就是这个意思吧。

——说你去了高定那一派吧？

山本：对啊。虽然说被完全误解了，但用我自己的话来说，尽管我是从东京走出来的破坏派的设计师，要想做经典的或是高定的服饰我也是做得到的。也有一点想实际做出来给大家看的心情在里面。但我也觉得在某种意义上，自己做了一件讨人厌的事情。这场秀到底是结束，还是开始呢。也就是说，在这场发布会开始前，如果我想这是我最后一场秀的话现在也的确能甩手不干了。但我并没有这个打算，不知怎么，讨厌被这世上的保守束缚，生了气。是选择超前卫的方法，还是面对这些怀旧人群，让他们看到对怀旧服装的现代理解方式。我一边做一边决定到底选择哪一种。因为没有最后一场的"觉悟"，现在也不知该怎么办才好。你看，川久保玲这次做了超前卫的，我这场秀，其实完全一样的。

——只是表现方法不同对吧。

山本：是的。也就是说在这个安逸的时代中，创作者到底要何去何从？设计师到底做些什么才好？用尽全力去制作，却只能获得少得可怜的评价，这个时代让人愤怒。虽然川久保玲和我用的方法不同，但说的都是同一件事。

——即便大家对此评价都很高，你仍然觉得糟糕吗？

山本：我也不知道该怎么办。但我从80年代开始一直做的前卫派的东西现在已经不想再做了。那大多都是实验性的。破坏、搓洗、印染再脱色，用了几乎所有的手段，几乎让破坏衣服成了前卫的代名词。也有人现在抄袭我和川久保玲，用这种方式去做衣服。所以现在的我更不想这么做了。某种程度上，已经逐渐变成了内力修炼了，也就是说让人一眼看不明白，但这并不是"高踏主义"[脱俗清高的状态]。将自己置于高处向下俯瞰，我不想成为那样的艺术家。所谓成衣是生活在当下这个瞬间的生活者的穿着，是一起生活的道具，我希望它就是这个程度的东西。不是进入美术馆的，而是穿着一起生活。应该平价、应该适穿，这一点不会变。看看十几岁年轻人的穿着，啊！那样很配啊！啊！品位不俗呢！看着都会心跳加速呢！实际"活起来"的衣服和年龄没有关系。而是应该一直与街头相连。但因为"内功"的部分增加了，所以我也会自我反省这样会不会变得让人难以理解了呢？

但是我讨厌70年代的衣服。那些衣服不管是否专业做出来的都一样。在文化服装学院学习时，都有衣服的原型，用那个马上就能做出来。这样的话我就……所以，现在是时装设计师最难做，也许可以说是受难的时代。但对于造型师可能就很容易。如此一来，造物之人到底要去向何处呢？这次的发布会，就是对于这个时代的一次投石问路。

1997 S/S

#004

超越高定。

跳过去的就不是终点，必须继续跳跃的是跨栏赛跑。
1997 年春，向着"高级定制"的跨栏，他发力蹬踏地面。
1997－1998 秋冬发布上他的目光已经更高一层，望到了下一个要挑战的跨栏了吧。

——关于这个系列，想先听听耀司先生自己的看法。

山本耀司 [以下作山本]：简而言之，就是有一块高定的墙壁，必须要打破它。有高级定制的跨栏，就一定要越过去。想要往前行，就必须和高定一决高下，这样的想法我想了一整年。虽然我自己什么都没有改变。衣服既没有高定也没有高级成本。不管什么时代什么题材，我的衣服就是我自己。通过题材可以看到远处的、我所一直描绘的理想女性形象。

——上次，发布会开始的第三套服装就引起了观众的爆笑。你说观众们明白了你的意图，可以说这一次观众们也有了一种期待，或是说有了一种已经理解了的前提吧。

山本：这次的内容是戏剧化。上次是具有新闻报道性的秀，带着一种"我是这么看的哦"的目光。如果说上次是大门的话，这次就要进入到里面的房间。也就是顺着上一次的顺序，自然而然地到了这里，否则的话，看的人和做的人都没了出口。用"高级定制"的题材来捕捉女人的身体，给大家看到新的解释。但其实想说的是，从中看到了一些新的东西，高级定制完全不是最后的终点。

——只是一个中间点。最终完成的作品，是从最初就看到了它的形态，还是在制作过程中逐渐变化而来的呢？

山本：都差不多。这一季我觉得打版师特别用心、用力。

——比设计师都更用心吗？

山本：上一季有点像"所谓高定到底是什么呀？"这样的主题，这一季则是"女人哪，到底是什么呀？"这种感觉。比如玛丽莲·梦露、葛丽泰·嘉宝，以银幕上的女王作为形象来制作会是什么样子，将这一点作为关键词加入到了主题里面。打版师在衣服上表现出了各种的解释。不过也有以玛丽莲·梦露为形象，结果却做出杰奎林·肯尼迪的时候。[笑]

——这一季里的超短裙、露到大腿的开衩、露肩背的上衣，肌肤的露出度都是以往没有的……

山本：因为这次是女演员为形象的嘛。

——原来如此。但是耀司先生自己对于这样的暴露程度也完全接受吗？

山本：最近百无禁忌呢。虽然以往对于"开衩开得那么高很性感吧"这样的衣服从心里很鄙视，但最近对于这样的禁忌，反而觉得逆反一下也没关系嘛。

——也有带胸衣的西服呢。

山本：那是预缝时，打版师对我说："这是刚拿到的"，然后我就接过来直接缝上去了。[笑] 把女演员们象征性的元素也在衣服上表现了出来。

——使用了铆钉之类，朋克风的元素也觉得很具有耀司先生的风格呢。

山本：像军服或是战斗服那样，粗暴地使用金属的情况也有。但像这一季作为装饰来使用的还是第一次。因为之前我是个饰物否定论者啊。而这一次，饰物不再是配角，而被当作了主角来运用。

——耀司先生向打版师提示的只是女演员的名字，难道没有造型和面料等具体提示吗？

山本：是的。由他们自己来定义和制作。所以在预缝时一次性 ok 的就有整个系列的半数左右了。这次因为先决定了造型，面料则是和预缝时使用的一样，都是极其普通的衣料。

——那这一季最辛苦的是什么呢？

山本：……自己的精神统一。打版师发挥得很好，虽然我觉得把他们制作的东西原封不动展示出来就好，但这么一来就好像变成了服装纸样的样本会一样了。于是我就想在面料方面再特别一些。因此数量从最初预想的 70 多件，最终精减到了 62 件。

——所以说辛苦的并非实际技术的部分，而是精神上的纠结了。

山本：所以说每个系列都是一种编辑作业啊。必须要有勇气做排除法才能看到新的东西。虽然，每次都有这种痛苦。

——但对打版师来说，这具有非常的意义吧。

山本：应该是吧。他们也百炼成钢了。不会那么计较一喜一忧。当然得到好的评价还是很高兴的。发布会结束，大家都是"啊！结束了结束了！"的感觉。[笑]

——那下一次？

山本：这次连开会的时间也没有。虽然很想和制作团队的伙伴们一边用日语说说浑话一边吃个饭。

——总觉得有观众一方特别的感动，好像场面很热烈。

山本：发布会结束的瞬间，怎么说呢。全都掏空了。腰好像也要断了。从这个角度来说，已经把所有的能量都给了 [发布会]。

——这次会场从索邦大学的讲堂变成了自己公司的展示间，有什么特别的用意吗？

山本：没有。是问索邦大学借不到。我也觉得总是固定在某一个场地也不怎么样。既然借不到就在自己的场地做吧。所以这是由索邦大学的学生来决定了的呢。

——狭小的空间更能看清楚衣服，难道没有这种想法吗？

山本：近距离看的话可以仔细看出剪裁，也可以看到省缝。但这和衣服能否表达出想表达的东西没有关系。远看也好近看也好，如果服装本身有力量的话，都能自己表达出来。

——因为场地变小了。必然要将买手和媒体分成两次来展示发布了。

山本：嗯，是挺累的呢。

——所以，反应各不相同？

山本：彼此的"看法"不一样。买手严格又恭敬的看法，算是"认真"吧。而媒体则是"乐在其中"，感觉像在看一场戏。两者传递的信息迥异。

——这是你在舞台背后也能感觉到的吗？

山本：只要看看从 T 台上返回的模特们的脸就能明白了。模特说的。Different Crowd，不同的人群。

——对于耀司先生来说，哪一方观众让你觉得吃力？

山本：我觉得买手这边累人吧。一直被盯着细看，唉唉，你们真的看懂了吗？[笑]

——那下一次借不到索邦大学的场地，也一定要找一个不用分两次就能完成的宽敞的地方才好。

山本：做两次是真麻烦呢。

1997-'98

#005

今天由我来替耀司说说话。阿瑟丁·阿拉亚特别访问。
采访人：玉川美佐子

阿瑟丁·阿拉亚说："山本耀司，既是受人尊敬的设计师，也是值得信赖的朋友。"
虽然是出了名的讨厌采访，但阿拉亚依然豪爽地说："耀司的事情就交给我吧！"
对于巴黎特辑再合适不过的嘉宾登场了。

AZZEDINE ALAÏA

——您好像养了不少狗呢，和您同进同出的小狗约克夏，我知道您还在 Elle 杂志社到处去找。

阿瑟丁·阿拉亚 [以下作阿拉亚]：[看着《装苑》8 月号杂志上耀司和爱犬的照片] 耀司也养了两条大狗呢……这样看来真是越来越喜欢他了。约克夏丢了的时候我的心都碎了，它又小又可爱，去哪儿都能带上它，一个不留神它就跑到外面被偷了。那个人也是因为很喜欢狗所以才捉了它吧，现在的它也应该在哪里被宠爱着吧。我一直找不到它，只能认为有别人在养着他。就因为发生了这样的事，所以我开始养大狗了，有五条哦。耀司君，你也这么喜欢狗，真是好哇！太开心了。

——你们二位是从什么时候、在什么机缘下相识的呢？

阿拉亚：我觉得我俩很久以前就认识了，不过具体的情况如何，倒也想不起来了。我就是喜欢他的时装，不知不觉就认识了。抛开工作，能认识耀司对我来说也是很重要的，留下了很多珍贵的回忆。我俩私下见面的机会其实不多，但某种意义上却称得上是真正亲近的朋友，他的所作所为实在值得称赞。

我和耀司聊得很多，但川久保玲就不是这样了。和她只靠眼神交谈。这让我想起以前去日本的时候，虽然语言不通，但是靠眼神和手势动作，也完全可以充分交流。手势就像是世界共通的语言一样。眼神、感情、感动也都是人类共通的，不一样的只有语言。

——Yohji Yamamoto 的 1997 春夏系列中使用了印度刺绣，听说是你建议？

阿拉亚：啊，他和我委托的是印度的同一家工厂。耀司人太好了，说是我给了他很多建议，其实不是这样的。只是因为我们意气相投，在一起聊了很多，说到过相关的话题，但我并没有给什么特别的建议。倒是我，看了耀司工作的样子，从中学到了很多、吸收了很多。

他的性格是非常细腻，安静沉稳的。而我却是比较冲动容易兴奋的类型。比如说，我觉得耀司这一季的东西做得很好，但我一看杂志上面没登他的作品照片，我就会打电话给编辑投诉："为什么这么赞的作品，你连个照片也没登？"又或者，我自己的作品在杂志刊载了，但如果我觉得不好也会立刻打电话去投诉。但耀司是比较收敛温和的人，如柳临风淡然处之……

——两位的交往是怎样的呢？

阿拉亚：他既是我的朋友，又是我的同行，这样的关系难能可贵。尤其我们这个行业，设计师之间能缔结出强烈的友情真是非常少见。如果能经常和耀司见面就好了，可惜他住在日本，我住在巴黎，机会难得。我对耀司也好，对其他设计师也好，都没有过"竞争对手"的意识。在时尚的精神中，对于设计出我所喜欢的东西的设计师，我就会表达自己的敬意，这没什么可大惊小怪的。即便他和我是完全不同的风格。耀司精通裁剪，在比例和体量等方面也非常得心应手，甚至小到一个纽扣这样的事情，对时装可谓是极其精通。时装设计师之中，这样的人可是凤毛麟角。实际上，造型师 [和设计师意义相同] 有两种人，真正的设计师是自己什么都会做的，不仅是画素描草图，自己创作自己剪裁，无一不通。还有一种就是，身边万人环绕，都是别人在做，没人帮他就不行了。对于耀司来说这些帮助并非必须，因为从剪裁到缝纫他自己都能做。

另外，他的音乐技艺已经不仅限于业余，而是以专业水平来玩儿的。

他很喜欢唱歌，我也喜欢唱唱跳跳。我觉得这些都是特别好的事儿。对于设计师来说，这些不都是很重要的嘛。没有幽默感的设计师多无趣啊。缺乏幽默感，也是能做设计师的，但想想那样的人生，那样的生活，肯定很艰难吧。我觉得维维安·韦斯特伍德 [Vivian Westwood] 和约翰·加利亚诺 [John Galliano] 就都挺有幽默感的。

耀司是可以在时装史上名垂千古的人。他给时装带来了全新的东西。这种"新"体现在，他的时装概念是与众不同的。我特别喜欢他对于时装的看法与视角。从他设计的欧式时装，就可以明白他对于时装的理解，比其他人都要更深刻。

相反，我对于日本的和服抱有很大的兴趣。不仅是颜色，就连布料本身的质量，也大有可取之处。卷起、重叠的和服的穿着方式，也是极其的简练。如此美妙的服饰，为什么日本人不穿了呢？

——可能是不太实用吧。

阿拉亚：我是突尼斯出身的，说起来也是看着民族服饰长大的，但现在也是一样。衣服的袖子又长又大，袖子上方和颈后都有扣子，要把袖子卷起扣住来穿。有时候妈妈把袖子向后翻起来时，我就会从腋下把手伸进去，摸到妈妈的胸。是我特别早熟吧。那时候妈妈们穿的那种衣服，与和服一样，都是由特别好的概念制作而成的。

总结来说，每个国家的传统服饰都很美。非洲也好、亚洲也好，从传统服饰之中可以学到很多东西。我去非洲的时候，看到那里的人在庆典上所穿的礼服，乍看之下非常复杂，但后来发现，只是用布简单地缠在身上而已，但通过色彩的搭配，却传递出来非常深刻的印象。非洲人在视觉上拥有非凡的品位，有的看起来像是珍贵宝石的装饰物其实只是玻璃珠……他们也很会穿衣服，总能给我带来惊喜。

——耀司先生在这两季都以高级定制作为主题来进行成衣系列的发布，对此您感觉如何？

阿拉亚：他在上一次，用高级定制的感觉来诠释时装的做法，我非常喜欢。虽然是以他自己独特的方式来进行的，但这可以成为再次推进时装向前发展的引导力。耀司对于高级定制的处理方法，是符合时代的先进做法。目前为止的高级定制，已经不再符合时代，成了过气的产物。传统的高级定制的结构部分，也就是技术部分或是不断累积至今、某种意义下肯定有着有趣的地方。精心调教之下制作出来的服装，有着法式的优雅与高品质。虽然可能稍显陈旧，但也引人入胜。在不断坚持继续下去的过程中，就可能会诞生出一些全新的产物来。所以耀司才会开始这么尝试。通过研究高级定制中的优点，去寻求能否制作出新形式的高级定制。其实耀司的高级成衣系列已经做得非常好了，概念也很棒，使用的衣料品质也很高，全心投入地制作到最后一步，这其实已经不能用"高级成衣"来概括了……虽然不能说为了这个人度身定做才是最好，但在工业化生产的范畴里，有很多制作已经达到了相当的高度。比如说，使用了大量的丝绸做的裙装，就相当费功夫时，肯定也不方便旅行携带。甚至可以说，为了这样一条裙子就需要一个衣柜。想要拥有一条这样传统款式的裙装，需要耗费相当大的金钱和劳力。而耀司所注解的定制服装，则在传统轮廓中带有现代感，是为了与实际的生活相符而制作的。

——您自己好像不做高级定制呢？

阿拉亚：不会作为系列作品来发布，但会在我自己家里 [也是工作室]

做。因为我觉得这样的衣服现在的自己也可以做。"高级成衣"是为了某种标准体型的人来制作的，但总有人穿起来不合身。对于有钱人来说，有些场合他们还是想要穿完全合身的衣服。我这边也一样，和以前相比，越来越多的女性不再满足于专卖店中所陈列的衣服，而是想要专门为自己设计定做、独此一件的衣服，即使这样要贵出很多。我觉得我们以自己的方式来做"高级定制"，这挺好的。有人路过说："我想做这种样子的"，那我就帮她做。有钱人在我这里或者耀司这里多点订单就好了，我们彼此也没有嫉妒心。

——您想让耀司推出自己的高级定制系列么？

阿拉亚：我是有听说他可能会去做某个牌子的高级定制。但我觉得他的高级成衣系列已经达到了高定的高度了。我和他是一样的，在高级成衣的范畴里，制作一些特别的类似高级定制的衣服就好了。我很难想象耀司会单独设计一个高级定制的系列，他也好，我也好，都不太能想象自己会那么做。

——所以说您也不想做所谓的传统形式的"高级定制"？

阿拉亚：不想做。根据自己顾客的需求来帮他们设计制作，这我是做的。真正的高级定制客户群，其实非常少，全世界可能也就二百人吧。你觉得全世界仅有的二百个顾客会定制什么呢？

我也有不少有钱的客人，他们大概也就是一人买个两三套而已。现存的高级定制大牌，其实隶属于一个很大的同时也生产化妆品和香水的主公司，他们并不依靠高级定制部门获利。也就是说高定的存在似乎只是起到品牌广告的作用一样。以前的高级定制服，裁缝工要花两个半月才能完成，价格自然非常高昂。就我个人来讲，真没办法把这么高的价格说给客人听。就算我自己是有钱人，我也不会把钱这么花。要么就捐献给什么对社会有利的事业，要么就去买下自己心仪的画，我应该会这么花钱。有钱的话我也想去日本混，住最好的旅馆无拘无束地拼命玩，甚至会想把钱花光了才好呢。[笑]

我挺喜欢借钱的，越借越多。如果不这么做，就完全没有创作欲望，会一点都不想工作。我会特意去买很贵的东西，然后对自己说"啊，

怎么办，该怎么办呢？"没钱了，不工作就还不了钱的状态持续着。虽说如此，我也不是乱花钱的。我只会去买自己真正喜欢的画作、雕塑之类的艺术品。我是这么花钱的。

——听说您总是坐在耀司的发布会的第一排？

阿拉亚：就算我当时在外国，如果有耀司和川久保玲的秀，我也一定会赶回来看。因为我们是朋友、亲友啊。而且我是真心喜欢他们的作品，[去看秀]自己也会非常开心。对于耀司来说，有朋友来看他，他也一定很开心吧。另外就是因为他住在日本，我们见面的机会的确不多，所以发布会就是我们见面的重要机会，是绝对不能错过的。否则的话，等我事后才知道他在巴黎举办了发布会，那时候就已经遇不上啦。所谓友情，是需要培养的，也因为有了培养，才能称之为友情吧。

——听说今年秋天耀司要搬到巴黎居住了。

阿拉亚：太好了，那我们见面的机会就多了，还能一起吃个晚饭了吧。

——在这个连载中，我们曾将"关于耀司先生的Q&A"作为一个主题，当时有个很有趣的回答。"Q[问题]是"对于你自己来说，最离奇的事情是什么？"A[答案]是"再婚"。

阿拉亚：如果他真的决定要结婚的话，我一定会飞到日本来参加结婚典礼。快点决定结婚吧。我们整晚都高歌热闹吧。

——最后，您对耀司先生还想说点什么？

阿拉亚：做成衣，但别做高级定制才好。成衣的话，就好好用心去做。我要说的是，即便是成衣领域，你也已经是举重若轻的人物了。也已经做出了非常好的衣服，再接受高定，肯定会打破自己的生活，这样的事情不做也罢。高定非常费钱，也会增加与此有关的让人操心的事情，可是又不得不去面对解决。人生并不只有工作。要唱歌、要跳舞、要快乐地去过才好。

还有一个。这是耀司和我的不同，也是非常重要的一点。耀司绝对不会说别人的坏话。我从来没有听说过他说别人的不好。但我不同，我会时时爆发出欲求不满的怒火呢。

Azzedine Alaïa

如此的天才，为世界时装带来影响的人。虽然在目前的日本并不为人熟悉，这很让我觉得遗憾。但他毫不犹豫、平静地走着自己的艺术人生。如何才能表达出这个人物的伟大呢？挚友？没错，他一定是我的亲友。

山本

ORSON ev APHO

REAL MEN

穿 Yohji Yamamoto 的男人。

"Real Men" 是一个造词。它指的是拥有自己的职业、非专业的模特，而人们却又希望他们能穿上时装登上杂志。这个词马上成为了 MR.high fashion 编辑部与读者沟通的一个特别印记。虽然每年摄影的主题都不同，但在这里我们挑选了以下 9 位，挑选的基准是因为他们穿上山本耀司的衣服后，各自的轮廓与个性显得越发清晰立体了起来。

Hidetoshi Nishijima

西岛秀俊 演员

摄影：筒井义昭
妆发：Yoboon[Coccina]

Tatsuya Nakamura

中村达也 音乐人

摄影：平间 至
造型：Tsuyoshi Nimura [little friends]
妆发：TAKÈ for DADACuBiC@3rd

2001

Yusuke Iseya
伊势谷友介 演员、电影导演

摄影：平间 至
造型：Tsuyoshi Nimura[little friends]
妆发：Hiromi Chinone[Cirque]

Takao Osawa

大泽隆夫 演员

摄影：平间 至
造型：Tsuyoshi Nimura[little friends]
妆发：TAKÈ for DADACuBiC@3rd

Ebizo Ichikawa

市川海老藏 歌舞伎演员

摄影：秦 淳司
造型：Tsuyoshi Nimura[little friends]
妆发：Yuji Kojima

Yukihiro Takahashi

高桥幸宏 音乐人

摄影：鹤田直树
妆发：Yuji Uchida[PIPPALA]

1993

Mitsuru Fukikoshi

吹越 满 演员

摄影；平间 至
造型；Motoh Yoshimura

Masatoshi Nagase

永濑正敏 演员

摄影：布鲁诺·达扬 [Bruno Dayan]
协调：Mariko Akaboshi
妆发：Takayuki Tanizaki[Fats Berry]

Morio Agata
AGATA 森鱼 歌手
撮影：久保木浚介
造型：Yoshiyuki Shimazu
妆发：Hirokazu Niwa[maroonbrand]

REAL MEN PROFILE

Hidetoshi Nishijima 演员
拍摄时年龄：31 / 拍摄年份：2002 / Yohji Yamamoto

西岛俊秀 演员。1971 年生于东京。1994 年凭借渡边孝好导演的《居酒屋幽灵》初登电影银幕。凭借黑泽清导演作品《人间合格》[1999] 获得第九届日本电影专业大奖的最佳男演员称号。即便多嘴也不会大声，以静谧压抑的演技强烈地震撼着观众。2011 年主演由阿米尔·纳得瑞 [Amir Naderi] 导演的电影《片场杀机》[CUT]，在海内外都受到了很高评价。2013 年 NHK 大河剧《八重之樱》中饰演八重的哥哥山本觉马。同年主配音演员身份加盟宫崎骏导演的电影《起风了》。近作包括金性秀导演的《基因危机：天才科学家的五日》。照片是山本耀司负责服装设计的北野武导演的电影《玩偶》[Dolls] 正式公映前 [2002]，2002 年 12 月号的肖像照。

Tatsuya Nakamura 音乐人
拍摄时年龄：36 / 拍摄年份：2001 / Yohji Yamamoto Pour Homme

中村达也 音乐人。1965 年出生于富山县。从十几岁开始就以朋克乐队的鼓手而活跃着。1990 年和浅井健一、照井利幸结成乐队 Blankey Jet City。2000 年解散后开始单独活动。在其个人项目 LOSALIOS 里，发布了《世界地图是血的痕迹》[1999]，与各色乐人合作发布了音乐专辑。在 2013 年 9 月进行演出时宣布停止活动。1991 年 6·1 THE MEN 中，他和浅井、照井一起作为 Yohji Yamamoto 的模特参加了发布会。他身上无政府的朋克摇滚精神，无比的"潇洒"与山本耀司自己也有多重交集。这张肖像出自 2001 年 6 月号的"山本耀司。无赖、单纯。"特辑中。

Yusuke Iseya 演员，电影导演
拍摄时年龄：24 / 拍摄年份：2001 / Y's for men, Yohji Yamamoto Pour Homme

伊势谷友介 演员，电影导演。1976 年出生于东京。在东京艺术大学美术学院设计科学习时就开始了模特生涯。在是裕和导演的《下一站，天国》[1999] 中作为演员崭露头角。近年，第一次出演电视剧就担当主演的《白洲次郎》[1999] 将以华丽风格而知名的白洲次郎，演出了性格与深度，在曾利文彦导演的《明日之丈》[2011] 中扮演的力石彻也让人记忆犹新。作为电影导演，继 KAKUTO [2002] 之后又在 2012 年发表了《陆之鱼》。2008 年开始他创立了 REBIRTH PROJECT，创造了未来生活的新商业模式，将社会环境放入视野之中。在 2001 年 6 月号中刊登的这张照片，是其研究生院毕业典礼的前一天，也就是作为学生的最后一天所拍摄的。

Takao Osawa 演员
拍摄时年龄：33 / 拍摄年份：2001 / Y's for men, Yohji Yamamoto Pour Homme

大泽隆夫 演员。1968 年出生于东京。1987 年作为模特出道。1989 年参加 Yohji Yamamoto 的巴黎时装发布会。1994 年，转行演员。2004 年在行定勋导演的电影《在世界中心呼唤爱》中担任主角。2005 年凭借在矶村一路导演的《解夏》中的表演获得日本学院奖最佳男主角称号。2006 年凭借浅田次郎的原著，筱原哲雄导演的《穿越时光的地铁》荣获日本学院奖最佳男配角殊誉。在电视剧《仁医》[2009 / 2011] 中，出演了从现代穿越到幕府末期的脑外科医生，其融合了自身性格的演技收获了诸多奖项。大泽隆夫还参演了 2014 年马志翔导演的 KANO。照片来自 2001 年 6 月号的"山本耀司。无赖，单纯。"特辑中。

Ebizo Ichikawa 歌舞伎演员
拍摄时年龄：22 / 拍摄年份：2000 / Yohji Yamamoto Pour Homme

市川海老藏 歌舞伎演员。1977 年出生于东京。父亲是第十代的市川团十郎。屋号为成田屋。1985 年，年仅 8 岁就在《外郎卖》中出演贯首坊，继承袭名第七代市川新之助。2004 年，袭名第十一代市川海老藏。同年在巴黎举行了袭名公演之后，2007 年在"巴黎歌剧院 松竹大歌舞伎"中饰演《源氏物语》的光君和《劝进帐》中的武藏坊弁庆，荣获法国文学艺术勋章骑士勋章。他正是当代无人可比的美貌的"光源氏扮演者"。2013 年，歌舞伎座新开场的首场演出中，他出演了《助六由缘江户樱》中的花川户助六。同年，在田中光敏导演的《寻访千利休》中扮演主角千利休。照片来源为 2000 年 10 月号封面故事《陌生的，市川新之助》。

Yukihiro Takahashi 音乐人
拍摄时年龄：43 / 拍摄年份：1995 / A.A.R

高桥幸宏 音乐家。1952 年出生于东京。经历了 Sadistic Mika Band 之后，1978 年与细野晴臣、坂本龙一结成组合 YMO。虽然在 1983 年解散，但音乐方面较之前这么更多元的艺术文化，至今仍然影响深远。单飞同时，他和铃木庆一组成 THE BEATNIKS，和原田知世、高野宽等人组成 pupa，在乐队活动中非常活跃。2013 年，他推出了第 23 张原创专辑 LIFE ANEW。作为时装设计师，经历了 1970 年代初期的 Bricks，到 YUKIHIRO TAKAHASHI COLLECTION 等多个品牌，有着丰富的经验。他和山本耀司于公于私都有着深交，多次负责山本的巴黎时装发布会的音乐。照片是 1995 年 12 月号"高桥幸宏"特辑中的一张。

Mitsuru Fukikoshi 演员
拍摄时年龄：28 / 拍摄年份：1993 / Y's for men

吹越满 演员，1965 年出生于青森县。1984 年，参加 WAHAHA 本铺。1999 年退团后作为演员活跃在电影电视上，他的演技混杂了现实与虚拟，让人感到与众不同的韵味。在园子温导演的侦探电影《冰冷热带鱼》[2011] 中担任主演，并主演了《庸才 / 不道德的秘密》和《希望之国》[均为 2012] 等多部园导演的作品。最近出演的电视剧包括宫藤官九郎编剧的《小海女》[2013]。而另一方面，从 1989 年开始他就坚持自己的单人舞台演出 Fukikoshi Solo Live，用尽方法组织和表演前卫的滑稽、肢体表演等，在其舞台人生中持续展现出不同的世界观。这张肖像取自 1993 年 8 月号"就快开始咯。Y's for men"。

Masatoshi Nagase 演员
拍摄时年龄：26 / 拍摄年份：1993 / A.A.R

永濑正敏 演员。1966 年出生于宫崎县。凭借相米慎二导演的电影《半途而废的骑士》[1983] 出道。1989 年，出演吉姆·贾木许编导的《神秘列车》[1989]。从主流到异类超越了众多的类别，出演各种不同类型的电影，让人很难觉得这是同一个演员的选择。无论哪部作品都释放出了经过深刻咀嚼后的主人公的存在感。作为终身事业的摄影活动，从 2013 年 12 月到 2014 年 1 月 19 日，他在故乡宫崎艺术中心举行名为"永濑正敏写真展 Memories of M ～ M 的记忆～"的大规模影展。MR.high fashion 自 1992 年开始他共计登场了 6 次。无论是 T 恤还是西装都穿得好像自己的衣服一样舒服自在。照片是 1993 年 4 月号中穿着 A.A.R 的服饰。

Morio Agata 歌手
拍摄时年龄：49 / 拍摄年份：1997 / Yohji Yamamoto Pour Homme, Y's for men

AGATA 森鱼 歌手。1948 年出生于北海道。1972 年以唱片《赤色的悲歌》出道。在混合了民谣和摇滚的动荡时代，反射了非主流的表演和漫画世界的歌曲，给人们留下了深刻的印象。2012 年，推出纪念出道 40 周年的唱片《有男有女的石子路》，在 2013 年更推出第 41 张唱片 SuPiKaTaiZu。作为电影导演、作家、演员，他也十分活跃。近作包括出演电影《昔日的我》[山下敦弘导演，2011]。2010 年进行的男装发布"YOHJI YAMAMOTO THE MEN 4·1 2010 TOKYO"中，也作为模特登场。照片是 1997 年月号"穿 Yohji Yamamoto 的男人，AGATA 森鱼"中的一张。

在这一页标注的 Real Men 的年龄、年代和品牌名都是拍摄当时的情况。A.A.R 是 Durban [现名 RENOWN] 与山本耀司在 1992-1993 年秋冬季开始到 2005-2006 年秋冬季完自培育的以西装为主体的男装品牌。Y's for men 是 1972 年开始的女装品牌 Y's 的男装系列。现在已经合并到 Yohji Yamamoto 了。

Tokyo, Wim Wenders and Yo

东京，维姆·文德斯和山本耀司。

维姆·文德斯眼中捕捉到了流动的东京风景，
山本耀司和同事们一起工作时的时装制作现场，
画面频频切换却又重叠交织出一番影像。
维姆与耀司的独白，如圆舞曲般反复的宁静声音。
在维姆导演的电影《都市时装速记》中，
维姆·文德斯与山本耀司在东京邂逅了。
本篇文章是在维姆电影完成那年，
即 1989 年由本杂志巴黎分社采访而成。
下篇文章则是 9 年后的 1998 年，
维姆访日时在东京对他采访时收录的内容。

摄影：广川泰士
撰文：田口淑子

1989 年公映的电影
《都市时装速记》的 DVD

被维姆·文德斯拍成电影的，东京的山本耀司，巴黎的 Yohji Yamamoto。

撰文：藤井郁子

凭借《柏林苍穹下》、《德州巴黎》享誉世界的导演维姆·文德斯，不仅代表了德国电影行业，更作为世界电影的代表而存在。就是他，和山本耀司一起制作了一部片子。"Au pied de la montagne[山脚下]，暂定以此为题，时长 90 分钟。"我并非站在团队的顶端，而是在山脚的位置。"这个标题就是从山本的这句话中得来。而这部影片也成了"维姆·文德斯'和'山本耀司"。法国蓬皮杜艺术中心最初提出这个方案时，维姆是这么回答的。"我拍不了'时装'主题的影片。因为我什么都不懂。Yohji Yamamoto 的时装也不太懂，Yohji Yamamoto 也不行。如果是'和 Yohji Yamamto'，加了'和'字的话，就可以尝试着从对于时尚的兴趣开始。那么关于时尚就可以说些什么了。"而山本耀司说："这个'和'字里面包含了各种不同的含义，抓住了我这个做衣服的，维姆到底能发现些什么呢？这里面也包括了经费中多少要出一部分等等。但是制作费都是他的公司来承担。他来写он来拍。和我的对话场景也都是他来提问，全部都是当场问答、当场拍摄。"双方都能沟通的语言是英语。用英语

交谈，困难的问题则用日语来回答。维姆知道耀司是在此之前三年半左右的时候，因为他购买了 Yohji 的衬衫和外套。虽然此时那件衬衣和外套都早已经磨破了。出生在德国杜塞尔多夫的文德斯，比山本耀司小两岁。在医学和哲学的求学之路上中途退学，进入了学习电影电视的学校。从 1967 年开始到 1989 年，这已经是第 23 部作品了。"对于东京最感兴趣的是 24 岁的时候，看了小津安二郎的电影。于是看了 1920 年代起小津所有的电影。没有比这更熟悉的其他外国电影了。所以在去东京前我就觉得自己已经很熟悉东京了，虽然直到 1976 年才第一次去。之后每次去也都感觉像是回家一样。"对于文德斯来说，山本耀司并不仅仅是时尚界的人，而是东京的一部分。这部影片将两个不同世界的个性，交汇重叠各自展现出来。"刚开始我非常害怕，因为自己会被放大到大银幕上，被分析、被观看，而且是经由这样一位大师之手，我会被如何解剖，真的很怕。"山本耀司说。电影将于今秋发布。

hji Yamamoto

Wim Wenders

维姆·文德斯。1945 年出生于德国杜塞尔多夫。电影导演。在大学学习医学和哲学，中途退学立志于电影业。1970 年以公路电影《爱丽丝漫游城市》一夜成名。《德州巴黎》[1984] 荣获戛纳金棕榈最佳影片。1985 年，制作了致敬小津安二郎的电影《寻找小津》。《柏林苍穹下》[1987] 荣获戛纳电影节最佳导演奖。近作包括《皮娜》[Pina，2011]。

1998 年，为宣传电影《暴力启示录》维姆・文德斯访日，他当天从早上开始就一直在酒店接受媒体的采访。high fashion 杂志最开始移动到银座的酒吧进行采访，后来摄影师广川泰士又将两人带到东京有乐町高架桥下的居酒屋里继续拍摄。对谈也是在此处收录的。

都市的诱惑，或是航行的方向。

● 再会的序曲

山本耀司 [以下作山本]：维姆和我像兄弟一样。虽然因为拍摄来了东京但从不会强求见面，而看我大概过得不错就好，他也能安心了。

维姆·文德斯 [以下作文德斯]：我们的交往程度是偶尔会通过传真机来"交谈"。当然我对于耀司的事情很上心，但并不太会作近况报告这样的事情。见面的话就会去打桌球。

山本：是呢。边打球，边聊彼此熟悉的朋友的事情。

文德斯：总是耀司赢球呢。

山本：你一直很累的样子。

文德斯：的确，你总是在我停留东京最忙最累的时候，约我出去玩，你故意的吧。

● 关于城市的印象

创作者都以各自的据点城市来开展活动。对于山本来说自然是东京，对于维姆·文德斯来说，则是自己的制作公司"Road Movie 公路电影"所在的柏林吧。

文德斯：城市就是人本身。和人一样城市的外观也各不相同，也都有不同的个性，也有"好人"和"坏人"。这次的电影，是由我对洛杉矶所抱有的复杂情绪诞生而来。以暴力作为纵轴，交错了三段爱情故事。暴力和爱、死亡都是人类的本质之一，但最近很难作为电影主题而成立。为什么呢？人们被灌输了太多暴力的表面的印象，反而对此感觉迟钝了。电影的名字是《暴力启示录》，虽然以暴力为主题，但我觉得暴力并不会从人类世界中消失。尽管我个人希望如此。

山本：和暴力本身相比，将隐藏在暴力中的东西，或是将维姆一贯关注的"爱"这一普遍的主题，用不同的方式表达出来，这一点让我觉得很有意思。

文德斯：那么对于洛杉矶，耀司你的印象是怎样呢？

山本：对我来说是"乡下"吧。我是在东京正中，新宿的繁华街市中诞生成长起来的，所以怎么看都……

文德斯：我之前说过每个城市都有不同的性格角色对吧，洛杉矶就有一种"任性的女孩"的印象。

山本：东京呢？

文德斯：涩谷可以说是骚动的街道吧。新宿和银座也有各自的印象，

但都只能说"大概"吧。

"电影是城市的产物。"这是文德斯的话。对于城市事物的兴趣就是创作作品的力量，也是生活。

文德斯：我每天在伦敦、华沙、柏林……各个城市中来来往往。所以不喜欢携带繁重的行李。因此会一直穿自己喜欢的衣服，在旅行中抽空送去洗衣店。这条裤子就是 Yohji Yamamoto 的。

山本：让你费心了。

文德斯：没有。这条裤子我特别喜欢，这条之外还有一条。Yohji 的衣服让我觉得放松。我的鞋子也是 Yohji Yamamoto 的。

山本：我穿的倒不是自己牌子的鞋子呢。今天穿得是开摩托的鞋子。

文德斯：我的脚大，所以能够找到自己合脚的鞋子就特别开心。Yohji 的鞋子非常舒服所以我很喜欢。

● 航行的方向

文德斯：最近在听什么音乐？听古典音乐吗？

山本：最近听古典。虽然不能完全说音乐是创意直接的灵感，但是我很喜欢音乐。不过如果在进行设计工作的时候，听到隔壁人家若有若无的声音的话，就算没有意识但实际肯定已经有了影响。

文德斯：话说，我还没有听过耀司唱歌呢。

山本：挺不好意思的……你就饶了我吧。

文德斯：没听过就不能在这里贬你了呢。[笑]

此刻最关注的是，兴趣的对象。山本耀司回答说是"自己"。而维姆·文德斯对于这个答案的回应则是："我和自己过了 52 年了，早厌了。但是，耀司说现在自己最感兴趣的对象是'自己'，真了不起。一直都过得很忙碌，终于有了思考自己的事情的闲暇。我很为他高兴啊。"不过，在记者拍摄这位导演的照片时，刚对他说希望以这个情绪摆几个姿势拍照，结果一转头他就睡着了。看来两个人忙得不分高下啊。[编注：杂志刊登的照片是维姆访日时在室内的沙发上拍的。]

临别时的两人，和再会时一样大大地拥抱了一下，之后就真的淡淡地、干脆地分别了。设计师和电影导演，彼此信赖的伙伴的背影，仿佛在平静地说着"回见啊"，别有一番风情。

Yohji Yamamoto talk about

MITSUBISHI

№ 12 5

丸ノ内2丁目8番地

仲12號館

1チ──── 5チ

NAKA 12TH BLDG.

WATER TANK FIRE ONLY
防 火 用 水 槽

諸車通行止

CLOSED TO
ALL VEHICLES

在小津启期的电影中，景常看出现在丸之内工地的
日報驿铺。照片是1950年代的丸之内。他靠右侧
东京车站，行走在丸之内街道上的戴着帽子的男子
他并不是时装模特，而是非常普通的公司职员形象。
但街道也好，这男子的站姿也好，都让人想神日本
的进步，同时也失去了什么。"照片来自《每日新闻社。

Tokyo in the films of Ozu

想要回归自我的时候，我就去看小津先生的电影。

2001

撰文：山本耀司

我对于小津先生的电影的感受，首先就是东京这座城市的变迁。啊啊，原来东京有过这样一番景色啊、有过这样一种说话的方式啊、有过这样的老阿姨啊。这里面有我孩童时所知道的，哦，不，是连我也不曾体验过的东京。眺望这样的东京的心情，是会让人着迷上瘾的。大概这是因为东京已经被理想化了吧。小津先生对于拍摄地点的设计非常严密，他追求富有魅力的东京，与他心意相符的东京。所以当维姆到访日本的时候，无论如何寻找，都感叹"小津的东京，已经不在了"。

小津风格的场所，描绘出了下町［市井］和山手［与之对应的后来开发的高岗］两个方面。也描绘出日本人俭朴的小小的生活和复兴发展下的东京、象征性的烟囱、疾走的列车这样的两面性。我看着他的电影，就会感觉到小津先生对于这两面，一定都很喜爱。

简单地说，东京如果真的变成小津先生所期望的那样应该也是不错的啊。而现实是，东京变得和小津先生所期望的完全不同了。因为战后日本的发展是毫无规则的。没有景观条例的限制，随意而为之，但这也是东京的魅力。从某种程度上来说，它不得不依靠发展、再发展。我也觉得这是战后最大的宿命使然。所以也不能一概简单地评价现在的年轻人不行。失去了的就是失去了。

我并不觉得小津先生所做的是非常日本的事情。小津电影的主题一直是——人，到底是什么呢？在日本的小小的家庭中谈论的人到底是什么？其实也是在讨论整个世界中的人性如何。在这一点上，我的工作也是如此。勉强去寻找日本风格的东西然后介绍给别人，我从一开始就没有这么想过。制作自己现在觉得好看的东西，可能全世界都会觉得它就是很好看的。我们没有必要去发现日本。顺其自然地去做就好，这就是我的想法。

西服也好，中式服装也好，我只对人穿的"衣服"有所追求。会用到很多技巧手法，但是我从没有想过要成为东西方的桥梁。

即便如此，不同文化交汇的瞬间，还是非常具有吸引力的。从明治到大正期间，人们就混穿着和服和洋装。那个时代真是魅力十足。在小津的作品中也大量地出现。身着和服但是头戴软帽，拿着西式手杖，外面套着长披风。笠智众先生下班回家更衣时，冬天依旧是日式紧身裤袄，夏天则是日本传统的过膝衬裤，脱了西服，换上居家的和服，这些段落我都觉得特别舒服、合适。

也就是说，不要完全丢弃自己的文化。自己国家的传统、现代的、功能性的东西交汇相融，正是在这种交汇中孕育出了这个国家的文化。

小津先生早期的作品中，男人们都戴着帽子。那个时代真是好啊。为什么后来男人们不戴帽子了呢？我觉得衣服也好，生活方式也好，战后的流行全都是从美国来的。美国人，还是很粗俗的［笑］不再戴帽，也是美国化了的一种体现吧。我最近开始常常戴帽子了。特别在 borsalino 定制的。

我会反复看的几部电影有《早安》、《茶泡饭之味》、《秋刀鱼之味》。《东京物语》虽是名作，但我却觉得消受不起。

要我说小津先生的电影中什么最具魅力？那种淡淡的亲子、兄弟、姐妹，各种各样的关系，即便用明快的方式描绘出来，但仍然带着晕开来的孤独。所谓孤独，特意着重描写反而出不来。只有不经意地淡淡地来说，反而像被拳头击中身体要害一般，精准而痛苦。

左图是从具有象征意义的银座四丁目和光钟塔，望着数寄屋桥方向。从这个角度可以看到都电。［1954 年 4 月，照片来自：每日新闻社］右图是摄影现场的小津安二郎导演。小津戴着他标志性的白色灯芯绒帽子。© 松竹株式会社

HEM

Handful Empty Mood
Yohji Yamamoto
with SCUM RIDERS

不值一提的永远

M1. 杜鹃花、狗和黄色连帽衫
M2. 十字路口的对面
M3. 额头和少年
M4. 如果你要来找我
M5. 淋湿了的黑暗
M6. 仅存的身体的重量
M7. 杀掉已知的时间
M8. 铀，万岁
M9. 还是死了
M10. 因为有你
M11. 猪是全部

照片来自 1997 年 CONSIPIO RECORDS，
这也是山本耀司推出的第二张个人唱片
[HEM ~ Handful Empty Mood]《不值一提的永远》

耀司独特的词的世界。

高桥幸宏 撰文：冲山纯久

和山本耀司相识已经有 20 年了。而帮他负责巴黎时装发布会的音乐一事，也已经过去了 10 年。我以前就听说他的吉他弹得很好，但完全没想到他会说想以专业乐手的身份来尝试看看。

5 年前第一张唱片《不得不走了》，那时的他默然地唱着当时自己的心情，这一次也几乎没什么改变。我觉得他已经确立了非常鲜明的某种歌唱的风格。1992 年我在担任唱片监制的时候，曾经请他按照正确的音阶和节拍来唱，但这一次，铃木庆一都无视了这些，让他更自由地、更自我地去发挥。

在这张唱片里，我也作为主唱加入了其中一首曲子的录音，但那首曲子仿佛完全没有节拍一般，"正确的节拍是怎样的？"我就这样一边问着庆一，一边唱完了。耀司用了相当破坏性的方法去唱，而我则尽量忠实地按照正式的旋律去唱，然后和耀司唱的组合起来，真是非常出位的尝试啊。

不过最重要的是，除去了山本耀司这一"品牌"[要想没有也很难]，现在也没人能够做出这样的音乐了吧。要怎样才能把这信息告诉给大家呢。我想站在唱片公司的角度来好好想一想。

这次的唱片基本是低保真（Lo-fi），混音也很出色。但依然要说它是歌词的世界。离朗读诗歌的感觉很近。说是这么说，但并非没有节拍。摇滚乐也应该带着歌词来听，这样的听众也该逐渐成为主流了。地下丝绒、鲍勃·迪伦 [Bob Dylan]，像他们那样，歌词的世界即使没有旋律也可以独立存在。这样的音乐家日本还没有过。总是要在哪里加上流行乐。这件事是很重要的，但还不仅于此。是歌词"清晰确立了什么"才是山本耀司的音乐。歌词作为音乐来传播，一般都是对外的意识，但耀司的歌词世界，却是有着对内的部分和对外的部分，两者微妙地交错从而形成了一个独特的世界。我这样觉得。

作为唱片公司的人，想到要去"销售"这张唱片时，耀司先生肯定是"特异"的存在。所以也会有特别容易和特别难的地方。比如因为他是平常很少出场的人物，所以这张唱片他只要说："我来"，就会吸引很多媒体。但若是只在电台播放这些音乐，却可能无法完全传递出它的精彩之处。耀司的生活方式、氛围，以及"设计师耀司＝音乐人耀司"的关键点，要如何联结起这些内容就显得特别重要了。当然耀司本人肯定会说无所谓，"我可是被大家严格培训过才出道的新人呢"。而其实，这个世界早就决定了如何才能大卖的模式。不符合这个模式类型的音乐又该如何让大众接受呢？这的确是个课题。如果是非常流行的东西，无论哪一型都可以做到某种程度的宣传，而那些好像内心曲折的东西，又该如何向现在的人控诉呢？

好了，我把想说的说完了，接下来就想让耀司像疯子一样玩一把流行音乐。让大家惊呼："那家伙，这是怎么啦！"不过要那么做的话，可能还需要点时间吧。

©Yohji Yamamoto inc.

陶醉在自己姿态中的录音。

铃木庆一 撰文：冲山纯久

关于录音工作，我想创造一个让耀司觉得放松的环境，所以选在耀司自己家的地下室进行。整个录音就仿佛是在家里的起居室这样轻松的氛围中进行的。为了尽可能保持我和耀司的密切交流，团队人数尽量少些是十分必要的。好像是到朋友家里去玩一样，聊着毫无关系的话题，只是坐着看看歌词，心情就自然而然放松下来，我创造了一个这样的空间。一踏进工作室我就开始播放 Pearl Jam 的音乐。"嗯，今天以什么样的气氛开始呢？"通过这样的方法开始逐步营造出氛围。

这张专辑的歌词尤为重要。我希望能将这些歌词唤醒，让它富有生命地存在。让歌词鲜活地存在，并使用上科技设备的电子效果。这也是我现在最感兴趣的音质。这一点也和 Los Lobos 不同。

歌词里有很多精华。"我讨厌的杜鹃花马上要开了。"看到这一行的时候，我心里想"真能写！"但从我的感觉来说如果觉得不适合的我就会提出："这里改一改可好？"制作人是我，而我自己也是一个作词人，所以对于歌词有相当敏感的反应，觉得不妥就提出来，而因为以前已经有过这种说法了，所以我提议刻意不去用它。而耀司也接受了我的意见。

工作室里有很多把吉他，自然地就开始了工作进程。录音期间一会儿这里这么来，一会儿那里那样弄一下，这是我刚开始做音乐时候的做法。

而大家碰头交换意见"试试那样弄……"，最近却反而没有这样的情况了，能回归原始我也感受了新鲜，如愿完成了顺畅的录音。那个场景真是工作着又陶醉着。试想披头士在制作 Let It Be，或是鲍勃·迪伦在制作 The Basement Tapes 的时候，情况肯定也是一样的吧。

制作过程中有很多灵感出现。"在结尾处再加八行会不会更好一些？"这么一说，山本耀司就开始写词。在他写词的时候，我们就在抽烟。这场景也让我想到了迪伦，在迪伦写词的时候，其他的音乐人就会玩一会儿牌什么的，这种让气氛高涨的方法特别棒。

然后词写好了。一般都是先有词再作曲。在现场先演奏出来，再唱歌。我也再一次重新认识到音乐原本应有的姿态，就是从这个点开始的。在制作这张专辑的时候，在歌唱方法和配器润色部分都特别注意，有意识地让歌词轻易地钻进耳朵里去。

录音工作结束后，耀司也并没有马上告别离开。过程很刺激，好像还有点意犹未尽。这一点也凸显出了山本耀司的本质。

即便如此，作为设计师能去得了巴黎并获得盛名，但做音乐时却依旧以新人的姿态站在零点的位置。就这一点，已经相当了不起了。

LIMI feu

Limi Yamamoto × Yohji Yamamoto

山本里美和山本耀司。
女儿和父亲，两人的距离感。

山本里美完成了极具冲击的初次亮相。
背负"耀司的女儿"的关注目光，轻松摆脱了重重压力，
让人看到了她与父亲山本耀司所不同的，自身的独特性。
她的资历毋庸置疑，不仅如此，在深一层里，
父亲与女儿，社长与社员，设计师前辈与后辈的，
既有点感伤又有点酷酷的感觉
两人多样的关系让这成为了可能。

摄影：若木信吾 / 策划：菊池直子

设计师山本里美 × 设计师山本耀司。

"是命运吧，作为耀司的女儿出生，进入这家公司，面对造物的辛苦与快乐……
最近只是声势浩大的时装发布会也太多了。想和这样的牌子拉开距离来……"［里美］
"我以前总觉得高中女生就和危险的动物一样。"［耀司］

——对于耀司先生，在公司里里美的形象是怎么样的？

耀司：对于我来说，印象最深的是里美担任 Y's 的打版师时候的样子。我总是记得她在自己的桌子上摆弄纸样的样子。然后就是，她坐在自己的椅子往后靠，拿着零食和朋友们聊天的时间也很久。［笑］

里美：这你可得让我解释清楚了。社长您来看样的时候，我们正好在休息时间，每次都是呢。休息结束了就都很认真哦。社长不在的时候，都在认真工作。

——最开始进入这个叫作 Yohji Yamamoto 的公司工作时是怎样的？

里美：不知怎么，特别安静，一开始我非常紧张。最开始做出来是什么样的衣服我都忘了，只记得当时满面通红。

耀司：不是本人可能也体会不到，去自己父亲的公司上班，仅仅这一点就很辛苦。并不是所有的人都会欢迎你，每天从开始工作到结束工作，期间需要相当大的体力。一开始大概都是这样吧。比起到其他公司上班，这里要辛苦得多。你第一次做出来的样板应该是短裙吧？还是连衣裙？我记得那个很受欢迎。

里美：有很多受欢迎的作品呢。最开始那个应该是短裙。短裙和连衣裙，都是我擅长的啦，或者说是我喜欢的更恰当。也不记得从哪一季开始，你说让我做裤装西服了，啊，终于来了。第一轮的尝试可真是非常艰难，但"所谓考验，就是要多听师傅的教导"，于是我不断地向很多人请教并尝试，慢慢开始喜欢上了做裤装。在那之前，我自己经常穿裤子，却很少自己做。现在反而觉得做裙装比较难了。这也是多亏了师傅啊。

——经过了这样的考验，才能有了这次发布会的正式亮相啊，你当时的心情是怎样的？

里美：现在的年轻人总想聚在一起做点什么。我觉得这挺好的，不会予以否定。但我的命运是作为山本耀司的女儿出生了，进入了他的公司，真正直面了在造物过程中的艰辛与快乐。有朋友邀请我去俱乐部看他的服装秀，我觉得一定很有意思满怀期待地去了，结果完全没有被感动，大家就只是造造势热闹一下罢了。这种事太多了。作为同辈的年轻人，我都觉得毫无意义。看自己父亲的时装发布会就真的会很感动。为什么这样的事物会多到泛滥呢，大家比以前会穿会打扮得多了，可现在却变成了这个样子。我想和那种品牌拉开差距。

耀司：哟，这话我还是第一次听你说呢。

里美：确实没怎么说过，我俩在一起说的基本都是无聊的话。不怎么聊天呢。

耀司：是啊，不怎么彼此聊天。就算是工作方面，也没有聊过这个想法。都是聊技术层面的，比如这里应该怎么弄好之类的，那种情况偶尔会有之类的。真正倾听到她想法的，这还是头一次。

里美：是嘛。

——里美这么雄心壮志之下做的时装秀，耀司先生你觉得怎样？

耀司：对我来说，她这场出道秀我还是在彩排的时候看的。第一眼看她彩排展示的时候，所谓要如何去看，我用的视角其实是去看她能不能表现出自己最好的部分，这很难用言语表达清楚。其他人可能并不明白，只有我才能发现这个人身上最好的地方。每个设计师，都有其他人所做不到的，只属于他自己的"关键词"也好"卖点"也好。里美在这方面的特点，用言语很难表达。这些特点因为模特的关系有时变得强烈鲜明，有时又反而变得薄弱危险。我一直关注着这些看完了彩排。这时候的我并不是站在一个父亲或社长的立场，而是作为一个比她资深一些的前辈设计师的角度来看的。制作过程中，我大概看了一次半，这么说是挺奇怪的。第一次她叫我去稍微看一下，第二次因为我没看懂，她让我再去看了正式的作品。之前看过的轮廓现在成为了作品，请模特穿上时，"啊，果然这件衣服的妙处只有我能懂啊"，心中充满窃喜与偷笑，有一种这样的感动。这些事我是不会和别人说，要和别人说也只是："差不多就那样吧"。

——里美你觉得你父亲所说的"卖点"是什么呢？

里美：卖点？如果我说我不太明白是不是有点那个……我觉得好的地方，不知道对他来说是不是所谓的卖点？做自己想穿的衣服，做那个人穿了会更有型的衣服，我只是纯粹地这么想这么做了而已。有人预测山本耀司的女儿设计的，一定是不对称的服装，但我自己其实也不穿那样的衣服。刚开始时，我也心血来潮地试了一次，结果被狠狠地骂了，真的太难了，真的。我想做的是更简单直接的东西，按照自己的节奏去创作。这一点用言语很难说清楚。但我还是喜欢这样的衣服，所以会继续这样的创作。我是山本耀司的女儿，但也二十五岁了，我希望大家能了解和接受，我，是山本里美，是一个独立的人。刚开始的时候，我的确会在意父亲怎么想，周围的人会怎么想，可随着工作越来越忙，我已经无所谓了。所以说，刚入行的时候是有压力的，后来就完全没有了。连社长也会回避我。

耀司：意识上会这样，本能上也是。自然反应不去靠近比较好，有种远离危险动物的感觉。

里美：彼此彼此呢。

耀司：她的工作场地附近是公关部，但我每次去公关部的时候，也都尽量绕开她走。

——发布会时，彼此双方的样子又是怎样的？

里美：父亲那边会有旧友过来，两个人热闹地聊起来了。而我要么忙着回答打版师追问我的"这个该怎么办"这样的问题，要么就是为了不让模特无聊在到处张罗着什么。"啊，累死人了。"当我回到职员休息室打开门时，这两个人还正聊得热火朝天呢。真是一个天一个地啊。不过确实是挺开心的。

耀司：她的性格是比较能整理的。我要是晃来晃去，肯定会多了操心的事儿。本来我只是想看一眼彩排就走的，但还是想看看观众的反应。正式发布只是了解观众的反应。为了这个我才等着的。

里美：我就没有那么紧张，还被很多人说我神经太大条了。当然，说完全不紧张那肯定是骗人的，不过好像有另一个自己在问："你明白自己的事儿了吗？"有这样一种冷静在。等回过头来看发布会的录像时，心脏才狂跳不止。

——耀司先生还记得自己第一次时装发布的情景吗？

耀司：记得啊。和那相比，我觉得她有的地方还是挺强的，"做到自己能力范围的极致，接下来就随它了"，就是这种强大。而我呢，我是到了最后的最后还是会迷茫的人，现在也是如此。

里美：临到出发去巴黎时装周之前，父亲说 Yohji Yamamoto 不用你帮忙了，但我知道后面肯定还有什么。但那次我却觉得"是吗，那我就不插手好了"。自己也觉得已经到了极限，没什么帮得了的了。也想过增加发布系列中的服装件数，但最后却觉得要减下来。这大概也是性格使然吧。

耀司：嗯，我也是这样。有一段时期，对于自己工作的全貌，对于什么是必须做的，自己不能整理出头绪来，所以就把尽可能多的东西做出来。"我可以做这些事情呢，我懂得这些意思哦"，有过这样的一个创作时期。"这么做是说不通的吧，这样大概可以，这样是必须的吧"，也有过这样的比较迷茫的创作时期。现在可以做到和她一样，如果表达不出来就索性放弃。到了这五六年，我尝试着这样做，也经过深思熟虑，我感觉不是自己在选择，而是这个时装系列自己在选择所适合它的衣服那样。每一季的主题都有自己的性格和方向，会自己舍去与之不适的衣服。嗯，过了 20 年，才终于变得和里美一样了。

里美：[笑] 是性格决定了吧。

耀司：是性格。

——但你们也会有很相似的地方吧？

里美：当然会有觉得相似的地方。大概是彼此讨厌，不想和对方"相似"这一点。虽然我也觉得氛围感觉上会相似，也有人说我们说话的方式很相似。我以前更瘦些，脸也显得凶相一些，那时候好多人都说我们长得很像呢。

——在里美的简介里曾说，第一次去参加巴黎时装周时深受震撼，那是什么时候的事？

耀司：是寒假还是春假吧，当时她还是一个学生，没法把她一人留在东京，所以就带她去了。那时候可没想过她以后会当设计师。不过那时候，她的反应让我相当惊喜。心里吃了一惊呢。比如她去看了川久保玲的秀，对于成年人来说那都是相当难以理解的主题，她却能明白了。

里美：什么时候的事儿啊？

耀司：我记得是你去看 COMME des GARÇONS 发布会的时候。

里美：啊。现在还记得发布了哪些衣服，模特做了什么样的发型呢。

耀司：大概 10 年前了吧？

里美：没呢，我才 25 岁哦。大概是 8 年前。

耀司：是吗？

里美：从那时候我开始了解父亲的职业了，在杂志上也看过一些报道，开始了与之有关的关注。但还没有想过自己要去学习或是以后要做设计师。只不过看了那场秀之后，我就觉得能设计出这些衣服的人太厉害了，而且比起父亲做的衣服，我更喜欢那边呢。我当时就和父亲直说了。

耀司：她这样的反应很不错吧。[笑]

——那里美印象最深刻的耀司先生的发布会是哪一场？

里美：纽约时装周那次吧。1996 - 1997 年秋冬纽约时装周，从那次开始我就真正喜欢上了。与其特别喜欢，更像是感觉"你也太厉害了吧，这样真的好吗？"

耀司：[笑] 什么意思呀？

里美：怎么说呢。用有点说烂了的话来说，就是觉得这真是天才啊。如果说爸爸是天才，更会觉得自己"以后要是也做这份工作的话，就真的太惨了"。360 度无论哪个角度去看都那么有型。那时候自己年纪也小，这么单纯地想着想就感动哭了，我的老爸做到了极致，是真心佩服啊。

耀司：[笑]

里美：如果是父亲的同龄人的话，可能会有很多为之感动、共鸣的地方和事情。但我当时只有十几岁，在青春期的正中间，浑身是刺，一身逆反。能让这样的女孩因为一场时装秀而感动到哭，能让人哭出来的情况本身就不多啊。一辈子也不知道有没有那么一次、两次。而恰好这样的时装发布会，还是自己身边亲密的亲人所创作的。心里有点想要否定它，当发布会一结束就想要反抗着说点什么，可结果却什么都说不出来，就是感动到哭，哭得一塌糊涂。

耀司：时差问题吧。

里美：真的吗？当时的我真是太奇怪了。

耀司：身体也不太好呢。

里美：啊，你这么一说，我当时是正感冒着。

——耀司先生还记得当时的情况吗？

耀司：记得啊。我总觉得是不是哪儿搞错了吧。

里美：啊——！这么说真让人生气。

耀司：我觉得我当时应该还能做出更好的秀来。那个纽约时装周简直就是不堪回首。巴黎时装周结束离纽约时装周只有一个月的时间。像个流浪艺人一般，我在外面住了一个月的旅馆，这整个月里的每天都在紧张中度过。现在想起来都觉得无比沉重。

里美：但对我来说真的是印象最深的一次，那时候我几乎一直都在后台待着。

耀司：啊，是呢。

里美：大家也都很感动，而什么事都没干的我，却一直哭。

耀司：是呢，刚刚就一直在想该用什么词去形容。我自己也说到过，当然也是这么想的。十几岁的少男少女啊，就好像是某种危险的动物。你说了浑身是刺吧，确实是这样的。无论对于什么事物，他们都不会直接接受，总会先逆反一下。不过也因为这样青春所以才刺眼闪光，不是吗？和那时候相比，你真是长大了呢。

里美：[笑] 哈哈，从小时候就认识的公司同事都这么说……

耀司：说你长大了？

里美：是呢。

山本耀司，说说女儿。

我和她没有很多对话交流，但会聊聊音乐。她喜欢硬摇滚，随着年龄变化喜欢的乐队也会逐渐不同。虽然和我喜欢的并不一样，但精神和情绪上保持着交流。不知道是不是有了这些影响，我也知道了很多东西，是她不在我自己就不可能知道的东西，比如"枪炮与玫瑰"之类。而女儿来看自己的演出也真是想不到的事情。比如在家作曲，完成了不错的曲子时，她会下楼来听一听，我也习惯了让她看到我这爸爸傻瓜的一面。

虽然她本身说自己人也长圆了，也长大了，但其实本质并没有什么变化。不高兴的地方也有很多。我觉得大概是因为要去迎合成年人的常识和一般的价值观吧。但这也是她的才能，无论怎样，都能诚实地面对事物。无论出现什么事情什么情况，都能诚实去面对。

换句话来说就是没有偏见。我觉得这也是造物之人所必须的条件吧。对于每时每刻发生的情况，不是用大脑而是用全身去反应。所以说要学的还很多呢。先不要用大脑去先入为主地应对，"哇！这是什么，好有趣！"这样的反应，才是才能。

我们制作部有 150 位员工。如果要出品牌线，选出 3 到 5 个人的话，她应该就在其中，这和她是我女儿没有关系。制作衣服的才能，或者所谓造物的才能，是很难看明白的一种才能。要看什么才能明白呢，就是她能否聚集起周围的人。当然其中的敌人也是很多的。我的情况就是虽然能聚集很多的人，但其中有多少是敌人自己完全不知道。但她却能分辨得出来。

山本里美，说说父亲。

从小开始就是这样，对父亲一半是喜欢得不得了，一半则讨厌得不得了。虽然我觉得这是家庭环境所决定的，但对于父亲依旧是一半非常地尊敬，一半又非常地逆反。我想大概到死都是这样了吧。不过我觉得大概别人家也都是差不多的吧。

彼此和对方保持距离，也不进入对方的世界。但有时也会让我感觉到，"啊！那是父亲啊！"的瞬间。我的体质非常容易感冒，每次感冒了他就会帮我披上毛毯。那时候就会想，啊这个人，是我爸爸呀。然后那一天都会变得特别明朗。其他时候我都会觉得他是我的朋友。不干涉彼此的私生活，会彼此鼓励要好好相处才是哦。说是最难忘的也是有点怪，不过有很多事要是说出来了山本耀司的形象大概会荡然无存吧。但能给我盖上毛毯，还是真心很高兴的。这个时候的他不是耀司，而是父亲。

如果说作为耀司的女儿有什么好处的话，那就是在我还小、感受性也敏锐的时候，他带我去了巴黎时装周。但与之相对，也有同等讨厌的事情发生。

我加入 Y's 的时候，父亲对我说的印象最深的话是："只有日本是这样。""加入父母的公司而感到不好意思。只有日本，在国外却是常有的事。"我有个哥哥［山本耀司之子，山本雄司］的，哥哥在我之前就先进入到父亲的公司，我当时觉得他特别厉害呢。仅仅这一点我就很敬佩了。加入了自己父亲的公司，况且我还不是男的。周围肯定有人用好奇的眼光去看，这个人会不会就是继承人呢？我也觉得自己肯定不行。但他用那么轻松积极的气氛和我说了，我就觉得那大概也没什么吧。虽然我还是有很多不安，不知道自己到底行不行，撑不撑得下去。实际上，在习惯了工作强度之前，体力方面一直很难支撑。就这么入职了半年之后，才觉得大概什么都能继续做下去了呢。要坚持下去不只靠体力，而是要有觉悟，那种不管多么辛苦遇到多少困难，也一定要在基层坚持三年的觉悟。这大概也是我的性格，无论有多么不顺心的事情、有多么的生气，我也一定要拿出结果来给你们看。

决定了这一次的登场之后，我也问过："会不会太快了。"比我好的打版师也有好几位，我自己喜欢的打版师也大有人在。肯定会有人说，"你是社长的女儿嘛，所以才会这样。"对这样的说法，我自己能否不动摇，而社长对此又会如何作答，我想了很多很多。但结果我却说出了："那又如何呢，不是挺好吗。"其实我内心也不知道如何是好。我这人真的是不善言辞。把心里想的说出来实在是很困难，是那种自己一个人越想越复杂的类型。对于通过我的动作、表情、简单的一句话就能很好体会和理解我的父亲，我真的特别喜爱。其次就是，

他真的是很好的榜样。对于设计师的耀司，我尊敬他的全部。有种云泥之别，高不可攀的感觉。

除了耀司以外，我尊敬的设计师还有川久保玲。同她见过几次，也说过几次话，也读过她写的东西，的确不是普通人啊。她的内在是非常强大的。我是个挺要强的人，但是在川久保玲女士面前就很老实。当时我在巴黎时装周看秀的时候，还不认识川久保玲这个人。但看完秀之后就像遭到了闪电劈打一样，从头到脚都流窜着电流。发布会结束后我问父亲，做了这些衣服的人是谁，我一定要和她见上一面。之后过了一两年真的到了见面时，我却完全说不出话来，只剩下全身战栗。

我绝对无法战胜社长的就是版型了。他太厉害了。我在 Y's 做打版师的时候就这么想了。他教得也很好。我觉得他肯定是因人而异来选择教授的方法。像我这样粗线条的只按照心情来做的人，他就会说："不要总是在桌子上制版，把它放到地板上再看一看。"然后再问我："看出什么不对劲的地方了吗？"我回答说："啊，这个地方好像小了。""就是那儿。"还有社长只要看一眼就能明白"现在这个地方想要做成这个样子啊。"这种时候我就会觉得"太可怕了"。怎么说，到底还是师傅啊。我唯一的优点［笑］就是动作快。我真的觉得，我父亲是慢慢悠悠的那种。我加入帮忙时装发布的时候也是。总是觉得"怎么还有工作没完成？"当自己成为设计师开始做发布了，服装搭配什么的都特别快。然后，我自己不是也要穿吗？但耀司不能自己穿。这里面也有差别呢。因为我是女生，所以想穿上试试马上就能穿上。穿上后会再看到之前所没发现的东西。会有到了那个时候才明白的情况。在男人做的衣服里面，我父亲做的衣服是最有型的。我真的是这么想。就算我不是他女儿也是这么想。没人比他更厉害了。很多年轻人，就算暂时还买不起但仍然会跑来看他的秀。这点真的很厉害啊。

Limi Yamamoto
山本里美。1974 年出生。在父亲
耀司的 1996 – 1997 秋冬纽约时
装周发布上受到冲击，立志成为设
计师。在文化服装学院学习后，加
入 Yohji Yamamoto 公司。1999
年，成立 Y's with Limi。2002 年
将品牌名改为 LIMI feu，2006 年
成立了自己的公司。

Yohji Yamamoto, Student Days...

山本耀司，装苑奖的时代。

1936 年创刊的杂志《装苑》，为纪念出版 20 周年在 1956 年设了装苑奖。文化服装学院设计科的学生山本耀司，
从 1968 年 3 月号到次年 2 月号中被特例选出了 13 件作为参赛候补作品，而下方的作品就荣获了第 25 届装苑奖的奖项。
本页插画是第一次参选的山本耀司画下的设计图。
图片侧面是评选装苑奖时刊登的编辑部评语。图片下方的则是推荐其作为候补作品时评审员的评语。

1969
25th SO-EN PRIZE

山本耀司出生于东京，现年 25 岁。
庆应义塾大学法学部毕业后，进
入文化服装学院。经过师范科后
进入设计科，立志成为服装设计
师，是比较罕见的特别类型。以
最高分获得过上一届［第 24 届］
的日立奖，实力得到了高度的评
价。此次，如愿以偿荣获了装苑奖，
可谓是不懈努力的结果。
得奖作品是灰色金吉拉兔毛和白
色双层乔其纱的组合式大衣裙。
在衣料上剪裁出的皮草现代风格
获得好评。评审中的中村乃夫更
是对他做出了"设计界的重量级
新人"的极力称赞。而山本耀司
则满面通红，因为实现了多年愿
望，非常高兴，发表了得奖感言，
今后也要继续磨炼设计的感觉。

April, 1969 issue of SO-EN

使用了灰色的金吉拉兔毛的大衣裙，
并不是谁都能穿的服饰。
幻觉风格泛滥之后，我觉得这种雅致的略显奇特的作品很不错。
设计图上的颜色稍显浓重，但皮草的使用方式也让人耳目一新。
材质的搭配很好，口袋的设计也洋溢着趣味，
喜欢奢侈风格的就穿上这一件吧。
选评：野口益荣 January, 1969 issue of SO-EN

获得芥川奖的艺术家在多年后参加文艺志的对谈时说道："其实我现在仍然会想，如果得奖的不是那个作品而是另外一个候补作品就好了。"制作者本人和评委的主观和客观，绝对性和相对性的不同，是客观无奈存在的。但孕育出一个作品的人，对于自己作品的思考却是不可估量的，把握住了怎样的手感，还有内心仅有的后悔，恐怕是一辈子都难以忘却的。对于山本耀司来说，1968 年的候补作品也在心中留下了深刻印记。即便经过了 45 年，却也不经意地流露了出来。当时正值库雷热 [Andre Courreges]、皮尔·卡丹在全世界掀起革新新浪潮的时候，从学生们的装苑奖的候补作品中可以看到他们受到了巨大的影响。而其中山本耀司的作品有着超越时代的清冽之处。外套外形的切割线，也是之后 Yohji Yamamoto 的风格，可以说是代表了未来的一件作品。

撰文：Toshiko Taguchi

1968
FINALIST, SO-EN PRIZE

对于这件剪裁得恰到好处的优秀设计，我很惊喜。
黑与白的比例也好，仿佛是精心计算好了实际穿着时跃动的优美线条，
从中可以一窥设计师不凡的实力。
裁剪、缝制都没有什么缺点，布料是轻薄的两面穿着的材料，
所以缝制的留边部分肯定会出现在表层。
虽然有一两点尚不完美的地方，但我觉得也足以打到 90 分了。
选评：笹原纪代 November, 1968 issue of SO－EN

Yohji Yamamoto, Student Days...

设计师出发！成为山本耀司。

1969 年 2 月 27 日，那一天下着雪。文化服装学院设计科的毕业作品发布会开始了。和积雪一样洁白的舞台，而这舞台下，身为发布会制作委员会会长的山本耀司一直仔细看着发布的进行。当时，出身于东京都新宿区的山本耀司，正值 25 岁。

擅长家庭课和绘画的小学时代

小学五年级的家庭课上，山本耀司一针一线缝制的短裤，在展示会上获得了金奖。这大概就是设计师山本耀司最初的起点了。

小学六年级，从公立小学转学到了晓星，而那里一切都不太一样。刚开始画画的时候，因为调色板和画画的工具不干净被老师狠狠地批评了。那时候才第一次知道了，原来调色板这东西是一直要保持干净的啊。之后，还是画画课去了室外写生。从那时候开始老师的态度才突然变好了。那时真切感受到了"原来我画的还不错啊"。

高中一年级，突然有一天，耀司提出"我想画画造型图"。于是耀司的妈妈就让他去参加了长泽节时尚讲座 [长泽节的插画研究所] 的周六的辅导班。"耀司大概是从那个时候开始对这一行感兴趣的吧"——而他本人却说想不起当时自己是怎样的心情了。之后的高中三年都是为了高考的应试教育而埋头刻苦。当时晓星的大学入学成绩并不理想，可以说只有极少学生能顺利升入大学。

在晓星学习的 7 年时间里，已经在不经意间产生了不想和自己的朋友一样的意识。而周边的同学也都是有钱人，只有他的家是贫困的。

因为想要创出一番事业，所以在大学的升学选择上也考虑了良久。想要申请一桥大学，也喜欢庆应义塾。从小就特别特别喜欢"庆应"这两个字。折了纸飞机玩的时候，孩子们会用铅笔在飞机身上写上喜欢的大学名字或是棒球队的名字。耀司一定会写上"庆应"两个字。在艺术大学第三次考试和庆应第二次考试的时间冲突时，他也还是选择了庆应。因为心里想的全都是将来要开展一番事业的。

大学四年级的夏天，耀司卖了之前买的奥斯汀旧车，又打工赚了点钱，还请母亲援助了一部分，就和朋友两个人开始了欧洲旅行。返回东京的时候，其他同学都已决定毕业后的就职公司。但他不想就此成为白领职员，当时就想要么开家店吧。于是就先进入了文化服装学院的师范科，之后又转到了设计科。想着以后可能会继承妈妈的店，如果要经营下去，那肯定要学会西式服装店的裁剪技术。加上母亲也是那里的毕业生，所以可以说从幼儿园时期开始就与文化服装学院有了颇深的渊源。

师范科的一年级新生非常辛苦，从怎么拿针这样的基础开始学习。进入了设计科也没有轻松多少，常常感觉寂寞，扳着指头计算还有多少天才能毕业。

装苑奖和远藤奖的双重得奖

在毕业前的那年的 2 月 3 日，在第 25 届装苑奖公开评选会上，山本荣

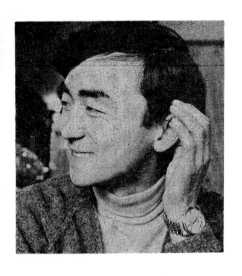

照片是刚刚获得装苑奖不久的 1969 年 3 月、临近文化服装学院毕业典礼前拍摄的，被刊登在同年 5 月号的《装苑》上。山本耀司正在母亲山本富美位于新宿歌舞伎町的商店中制作客人定制的服装。图片中露出正面的女性就是母亲山本富美。

获了"装苑奖"和"远藤奖"双重荣誉。向着设计师的道路迈出了一大步。对于得奖的欢喜，他讲的不多，只是说："实在很高兴。想要早点回去告诉妈妈，还有帮我缝制的店里的人。"他用奖金让参加直接帮忙的人去了京都旅行，没帮到的人也送了礼物。

作为文化服装学院的设计科助理时，他就已经决定了毕业后的就职去向，但还是想跟着 F.I.T[纽约州立大学时装技术学院] 的河岛先生继续学习。学习生产管理，将来可以做成衣公司的生产管理顾问，可能的话还要经营自己的公司，梦想远大。即便现在还不可能成立自己的公司，但是"以这个店为基础，肯定能开始做些什么。"母亲也这么说了。从这个角度来看，山本耀司的确是很有优势。装苑奖得奖作品以外的裙子，在母亲的店中也很快就被卖完了，还被客人催促："下次什么时候有新货？"不能再次申请参加装苑奖了，母亲笑着回答："我只能说已经结束啦。"对于得奖，母亲说："这是他长久以来努力的果实。不过我觉得还是有些太早了。而且一次得了两个，真对不住其他参赛者呢。话是这么说，但评审大会那天我还是好担心啊，瞒着耀司，自己偷偷去看了呢。"

回想起来，战争结束就得到了丈夫战死菲律宾的消息后，母亲一个人把儿子养大教育至此，可不是一般的辛苦。母亲把耀司拜托给住在水户的亲戚照顾一年，那时耀司才四岁。在这一年里，母亲在文化服装学院的剪裁科和高等剪裁科里，拼命努力地学习。"之后在缝制别的东西时，每一个直面的问题都是很好的学习。但即便如此，也没想到自己会是现

在的样子。"——还是会为儿子选择了和自己一样的道路而感到欢喜吧。从这方面来看，他可是个非常孝顺的儿子呢。"丈夫战死在战场之前，虽然留下了不少耀司的教育费，但战前战后的货币价值天差地别，全都做了丧葬费。"母亲的潜力是无穷的。独享母亲的"爱情"，使山本耀司成为了出人头地的设计师。

想让女人变得可爱

设计师山本耀司这么说。衣服有各种各样的版型，没有不可以穿的衣服。虽然美没有固定的形象，但在时髦的衣服、优雅的衣服、可爱的衣服的定义中，仍然有其不能逾越的一些定律。而好好遵守这些规则就是设计师的工作了。如果自己的设计总是被认为是可爱的，自然就会想要让女性变得可爱。女性在称赞别人的时候，与其使用"那个人真漂亮"，可能用的更多的是"那个人真可爱"。在他画的设计图中，女孩洋溢着可爱的氛围。荧光灯下，雪白的纸张和绘图笔当前，就会自然而然转换成好心情。与其出现灵感拿笔画下来，反而是不经意间画下来的东西更好。纠正画错的线条，自然就成了不错的衣服。这么说的时候，他的眼里闪耀着光彩。

库雷热设计中的欢乐，皮尔·卡丹的多彩，山本都是喜欢得不得了，受环境和天分的眷顾，山本耀司身上蕴藏着对于未来的无限可能。

ARCHIVES
YOHJI YAMAMOTO
PARIS WOMEN'S COLLECTION
1981/'82 AUTUMN / WINTER – 2014 SPRING / SUMMER

Yohji Yamamoto
巴黎女装周档案

1981 年 4 月，山本耀司以巴黎雷阿勒开设的专卖店作为
会场，发布了第一个女装系列。
之后，他一路颠覆了以欧洲价值为基准的服装传统与审美
意识，持续着变革。而山本耀司最大的成功，
就是为了迄今为止没有"代表自己风格"的衣服的女性，
让她们发现了自己本来的风格。
这个档案收录到 2014 年春夏系列为止的巴黎女装周
发布作品系列。

摄影：桢 志无、光野伸二、岸 桢子、Shin Shin、松井康一郎、上仲正寿
©Yohji Yamamoto inc. 撰文：田口淑子

1981-'82 AW 1981-'82 AW 1981-'82 AW 1981-'82 AW 1981-'82 AW
1982-'83 AW 1982-'83 AW 1982-'83 AW 1983 SS 1983 SS
1983-'84 AW 1983-'84 AW 1983-'84 AW 1983-'84 AW 1983-'84 AW
1984-'85 AW 1984-'85 AW 1984-'85 AW

1982 SS
1982 SS
1982 SS

1983 SS
1983 SS
1983 SS
1983 SS
1983-'84 AW

1984 SS
1984 SS

1985 SS
1985 SS
1985 SS
1985 SS

167

1985-'86 AW 1985-'86 AW 1985-'86 AW 1985-'86 AW 1985-'86 AW

1987 SS 1987 SS 1987 SS 1987-'88 AW

1988 SS 1988 SS 1988-'89 AW 1988-'89 AW 1988-'89 AW

1989-'90 AW 1989-'90 AW 1989-'90 AW

1986 SS
1986 SS
1986-'87
1986

1987-'88 AW
1987-'88 AW
1988 SS
1988 SS
1988 SS

1988-'89 AW

1990 SS
1990 SS
1990 SS

1990-'91 AW 1990-'91 AW 1990-'91 AW 1990-'91 AW 1990-'91 AW

1991 SS 1991 SS 1991 SS 1991-'92 AW 1991-'92 AW

1992 SS 1992 SS 1992 SS 1992-'93 AW 1992-'93 AW

1990-'91 AW

1991 SS

1991 SS

1991-'92 AW

1991-'92 AW

1991-'92 AW

1992 SS

1992 SS

1992-'93 AW

1993 SS

1993-'94 AW

1993-'94 AW

1993-'94 AW

1993-'94 AW

1993-'94 AW

171

1995SS

1994 SS

1994-'95 AW 1994-'95 AW 1994-'95 AW 1994-'95 AW 1994-'95 AW

1994-'95 AW 1994-'95 AW 1994-'95 AW 1994-'95 AW 1994-'95 AW

1995-'96 AW 1995-'96 AW 1995-'96 AW 1995-'96 AW

1994 SS

1994-'95 AW

1994-'95 AW

1994-'95 AW

1994-'95 AW

1994-'95 AW

1994-'95 AW

1994-'95 AW

1994-'95 AW

1994-'95 AW

1995 SS

1995 SS

1995 SS

1995-'96 AW

1996 SS

1996 SS

1996 SS

1996 SS

1996 SS

175

1996-97AW

1996-97AW

1997SS

1997SS

1997-98AW

1997-98AW

1997-98AW

1997-98AW

1997-98AW

1998SS

1996-'97AW

'97AW

1996-'97AW

1996-'97AW

1997SS

1997SS

1997-'98 AW

1997-'98 AW

1997-'98 AW

1997-'98 AW

1997-'98 AW

1998-'99 AW

'99 AW

1998-'99 AW

1998 SS

2002 SS 2002 SS 2002 SS 2002 SS

2002-'03 AW 2002-'03 AW 2002-'03 AW 2002-'03 AW

2003 SS 2003 SS 2003 SS 2003 SS 2003 SS

2002 SS

2003 SS   2003 SS   2003 SS   2003 SS

2003 SS   2003-'04 AW   2003-'04 AW   2003-'04 AW   2003-'04 AW

2004-'05 AW   2004-'05 AW   2004-'05 AW   2004-'05 AW

2005 SS 2005 SS 2005 SS 2005 SS 2005 SS

2005-'06 AW 2005-'06 AW 2005-'06 AW 2005-'06 AW 2005-'06 AW

2006 SS 2006 SS 2006-'07 AW 2006-'07 AW 2006-'07

'07-'08 AW '07-'08 AW 2007-'08 AW '08 AW 2008 SS

2005 SS

2005 SS

2005-'06 AW

2005-'06 AW

2005-'06 AW

2005-'06 AW

2005-'06 AW

2006 SS

2006 SS

2006 SS

2007 SS

2007 SS

2007 SS

2007 SS

2007-'08 AW

2008 SS

2008 SS

2008-'09 AW

2008-'09 AW

2008-'09 AW

187

2009 SS

2010 SS 2010 SS 2010-'11 AW 2010-'11 AW

2011-'12 AW 2011-'12 AW 2012 SS

2013 S 2013-'14 AW

2013-'14 AW   2014 SS   2014 SS

YOHJI
YAMAMOTO
PRODUCT CONTROL

100% QUALITY and
ABSOLUTE UNIFOMITY
INSURED

49
Lbs.
Net

FRESHNESS
UNSURPASSED

NO.
10031943

MANUFACTURED BY YOHJI YAMAMOTO INC.

ARCHIVES
YOHJI YAMAMOTO
PARIS MEN'S COLLECTION
1984-'85 AUTUMN / WINTER – 2014 SPRING / SUMMER

Yohji Yamamoto
巴黎男装周档案

男装系列的发布从 1984 – 1985 秋冬系列开始，
到最新的 2014 春夏为止。
在男装的创作中，投射出山本耀司的个人风格，
既时髦又有着格斗功能的衣服，更共存着完美的定制式的版型。
高挑白皙的俊美青年、天真调皮的少年、突破所有束缚终获自由的老人。
不论年龄、国籍、职业，启用充满个性的男子作为模特，
这也是每一季都不容错过的看点。

摄影：桢 志无、光野伸二、岸 桢子、Shin Shin、松井顺一郎、上仲正寿
©Yohji Yamamoto inc. 撰文：田口淑子

1984-'85 AW

1984-'85 AW

1984-'85 AW

1984-'85 AW

1984-'85 AW

1985-'86 AW

1985-'86 AW

1985-'86 AW

1985-'86 AW

1986 SS

1986-'87 AW

1986-'87 AW

1986-'87 AW

1986-'87 AW

1987 SS

1987-'88 AW

1987-'88 AW

1987-'88 AW

1988 SS

1988 SS

1984-'85 AW

1985 SS

1985 SS

1985 SS

1985 SS

1986 SS

1986 SS

1986 SS

1986 SS

1986-'87 AW

1987 SS

1987 SS

1987 SS

1987-'88 AW

1987-'88 AW

1988 SS

1988-'89 AW

1988-'89 AW

1988-'89 AW

1988-'89 AW

193

1987 SS

1989 SS   1989 SS   1989 SS   1989 SS   1989-'90 AW

1990 SS   1990 SS   1990-'91 AW   1990-'91 AW   1990-'91 AW

1991-'92 AW   1991-'92 AW   1992 SS   1992 SS   1992

1993 SS   1993 SS

1989-'90 AW 1989-'90 AW 1989-'90 AW 1990 SS 1990 SS

1991 SS 1991 SS 1991 SS 1991-'92 AW 1991-'92 AW

1992-'93 AW 1992-'93 AW 1992-'93 AW

1993 SS 1993-'94 AW

1994-'95 AW

1994 SS 1994 SS 1994 SS 1994 SS 1994-95 AW

1995 SS 1995 SS 1995 SS

1996 SS 1996 SS 1996 SS 1996-97 AW 1996-97 AW

1997 SS 1997 SS 1997 SS 1997 SS 1997-98 AW

1994-'95 AW

1994-'95 AW

1994-'95 AW

1994-'95 AW

1995-'96 AW

1995-'96 AW

1995-'96 AW

1995-'96 AW

1996 SS

1996-'97 AW

1996-'97 AW

1996-'97 AW

1996-'97 AW

1997 SS

1997-'98 AW

1997-'98 AW

1997-'98 AW

1997-'98 AW

1997-'98 AW

1998SS

1998 SS

1998 SS

1998 SS

1998 SS

1998 SS

1998-99 AW

1998-99 AW

1998-99 AW

1998-99 AW

1998-99 AW

1999-2000 AW

1999-2000 AW

2000 SS

2000

2000

2001 SS

2001 SS

2001 SS

2001 SS

2001-'02 AW

1998 SS　　1998 SS　　1998 SS　　1998-'99 AW　　1998-'99 AW

1999 SS　　1999-2000 AW　　1999-2000 AW

SS　　2000 SS　　2000-'01　　2000-'01 AW

AW　　2001-'02 AW　　2001-'02 AW　　2001-'02 AW　　2001-'02 AW

205

2002 SS 2002 SS 2002 SS 2002 SS 2002 SS

2003 SS 2003 SS

2004 SS 2004 SS 2004 SS 2004 SS 2004 SS

206 2005 SS 2005 SS 2005 SS 2005 SS 2005-06 AW

2002-'03 AW 2002-'03 AW 2002-'03 AW 2002-'03 AW 2002-'03 AW

2003-'04 AW

2004-'05 AW

2005-'06 AW 2005-'06 AW 2005-'06 AW 2005-'06 AW 2005-'06 AW

207

2006 SS

2006 SS

2006 SS

2006 SS

2006-07AW

2006-07AW

2007 SS

2007 SS

2007 SS

2007-08 AW

2007-08 AW

2008 SS

2008 SS

2008-09 AW

2008-09 AW

2009 SS

2006 SS
2006-07AW
2006-07AW
2006-07AW
2006-07AW
2007 SS
2007-08 AW
2008 SS
2008 SS
2008-09 AW
2008-09 AW
2008-09 AW
2009 SS
2009 SS

2009-'10 AW 2009-'10 AW 2009-'10 AW 2009-'10 AW 2010 SS

2011 SS 2011 SS 2011 SS 2011 SS 2011 SS

2012 SS 2012 SS 2012 SS 2012 SS 2012-'13 AW

210 2013-'14 AW 2013-'14 AW 2013-'14 AW 2013-'14 AW

2010 SS
2010 SS
2010~11 AW
2010~11 AW
2010~11 AW

2011~12 AW
2011~12 AW
2011~12 AW
2011~12 AW
2011~12 AW

2013 SS
2013 SS
2013 SS

2014 SS
2014 SS

Critic, Homage & Interview to

致山本耀司，批评、赞美和访问等。

1981 年在巴黎时装周初次登场后，关于 Yohji Yamamoto 的采访就刊登在世界各地的杂志和报纸上。
最早都是以时装发布为主的，但发布会次数增多后，关于山本创作"个人论"的报道也变多了。
这其中除了撰稿人、记者和编辑外，又加入了哲学家、策展人、美术家等不同领域不同职业的人。
山本耀司制作的衣服，并不是一时性的流行，而是给予了观众难忘的感动、引起了强烈的共鸣，这些文字就是真凭实据。
在此，从 1980 年代起在杂志刊登过的，在超过 30 位各界人士执笔的"耀司论"中，选取了 6 位执笔者的心声。

撰文：田口淑子

美的胜利。在巴黎时装周上刮起的风。　　　　　　From Tokyo　1994

撰文：今井启子

无论看了多少场发布秀，美得让人叹息的设计师，仍然不会超过一只手 [5 位]。这一季中，山本耀司的发布系列最让人印象深刻。

时装发布会上选用的是矢野显子的歌曲，她的音域宽广、音质独特，带有无限的乐观主义，这些都象征了设计本身的氛围，两者重叠相得益彰。这么想的肯定不止我一个。

巴黎的会场是索邦大学的讲堂。宽敞的场地和内部古典的装饰也和发布会非常契合。最让我难以忘怀的，是一连串和服之后，乘着 Die Forelle[舒伯特作品] 音色出现的，藏青色的定制服的场景。多是从肩部向下自然舒缓垂下的细长的剪影风的剪裁。这一组女装是由这些剪裁变化组成的，充满女人味和简洁的风格。她们柔软纤细的身体带来的自然优美的动作，每一步都仿佛踏在波浪上一般，让人心驰荡漾。而头上的软帽则让她们看上去仿佛是大学毕业典礼上的女大学生。在大衣下摆处点缀着空气感十足的日式色彩，也像是典礼上的博士袍一般。当模特鱼贯而出的时候，一直让人觉得讨厌的摄影师坐席处，却出人意料地传出了自然又美妙的多重合唱，那歌声将整个会场包围，渗透到了在场的每个人的心里，让人感觉微风拂面，格外清新。这样的事情，在我漫长的职业生涯中可是第一次经历。

阅读发布系列服装的点评，这一季的"时髦的日本风格"格外醒目。大概是这样吧。无论哪国的设计师都可以在巴黎发表自己的作品，在这其中和其他国家的特色相比，也的确可以说日本风是比较多的。而法国以外的设计师们，其根源或是设计之源在自己本国也是理所当然的。在这之上用什么样的设计来表现，技术上的配合又是怎样的，按怎样的阶段来进行是合理的。从这个角度来看山本耀司，可以看到是泾渭分明的。

我和他相识是 1970 年代的事情。访问时他回答我的一句话，就让我了解到了他活动的所有。那就是"我就是村里的裁缝店"这一表达方法。"村子有村子的结构组成，村里人也各有各的职能。为了村子里大伙都能健康活跃地生活下去，那就必须互相依靠协同工作——为了社群，我想倾己所能地去制作衣服。"他是这么说的。而就是这个他，此时此刻正在巴黎的舞台上让所有到来的观众屏息凝视，让他们看到这"裁缝店"的技艺精妙。

怎么能这么好呢？首先，他已经有了国际化的感觉，并且把西洋服饰中定制服饰的历史研究了个透彻，因此能够让人看到他更加自由地去运用这些技巧。

西洋服饰的基本首先从"身体意识"开始，也可以说终止于"身体"。如果将西洋和日本作为纵轴来比对一下，山本耀司的定位可以说在两者之间。将基点置于日本的风格时尚争论，我也觉得与之相隔甚远。

的确，他所准备的"重叠针织"中使用了很多日本的传统颜色——蔷薇色、蓝铁、蓝色鸠羽、古代紫、茜色、代赭色、璃宽茶、浅葱色、栗梅茶、山蓝摺、青摺、白绿、浓紫褐色、杏色。哪怕只是列出颜色的名字，这样的学习态度也是极好的。作为日本人，他将这知识的宝藏纳入到了自己的体系里面。

回想起来，前一季的发布也很棒。维也纳风格的，很具感官刺激的音乐现在仍能时时想起，1991 - 1992 秋冬季的，用木头绑起来的匹诺曹风格的，异常奇特的那一季也留下了快乐的回忆。而这次的发布会，在国际的立场上为量体裁衣定制方式添上了色彩，给了它特别的深度，非常出色不是吗？山本耀司每季的发布会我都会看，说老实话，这一季恐怕是我好久未见的精彩之作。

今井启子
1960 年加入文化出版局。曾任职于 high fashion 编辑部，后担任高岛屋的时装顾问。之后去纽约大学研究生院学习，1985 年开始加入资生堂从事产品开发，担任企业文化部的时尚总监和 The Ginza 的董事。1999 年成立 Universal fashion 协会，2001 年成立湘南生活的 UD 商品研究室 [SUDI]，2003 年，获得每日时尚鲸冈阿美子奖。著有《时尚的力量》[筑摩书房] 等。

Yohji Yamamoto

Yohji Yamamoto 1994 – 1995 秋冬季，继巴黎之后在东京发布的时装秀。
虽以和服为主题，但作品已经超越了东西方界限，带来了焕然一新的感动之美。
photograph : Bruno Dayan / August 1994 **high fashion** 213

我、为什么、现在、要做和服？询问山本耀司。

采访人：深井晃子

深井：这一季的巴黎发布系列，真的是太棒了。可为什么现在将和服做出如此美妙的变身？今天我一定要向您请教这个问题。

山本：我一直觉得和服是我重叠的存在。但一开始我想到日本的设计师将和服像"土特产"一样拿出去做点什么，总会觉得非常不好意思。我也曾觉得自己是绝对不会去染指和服的。但巴黎时装周已经连续做了十二三年了，虽然一直被叫作日本时装风格的代表选手，可到底好在哪里败在哪里，作为本人我完全不清楚。一旦对外发布之后，自己制作时的心情就会被误解，这也是常有的。

在这样的情况下，制衣的面料就成了契机。西式服装的衣料，或者说这类宽幅的衣料无论缝什么，无论怎么触摸，都已经是做过千百回了的再无新鲜感可言，甚至看到相似的衣料都要打哈欠了。所以这次，我想到了和服的衣料很有趣，也注意到了自己的做法不曾存在于我的价值观内。和服的衣料是需要整片完整完成的，不能剪裁。是作为一个既成品已经存在的，我要做的只是把直线的宽幅的衣料缝起来，包裹住身体。所以我想我的工作并没有很多参与其中的空间。我本来也挺讨厌和服的，但是仅仅从衣料本身的角度去开始看的话，它依然是非常强大的，生命力惊人的。从那时开始，我才想要试着使用和服的衣料。

深井：原来如此。不是衣服的界限，而是和服衣料的尺寸幅度吸引了你了。

山本：最有意思的是，和服衣料的宽幅是限定37厘米的世界。拥有37厘米宽的独特面积，趣味在于重叠这些面积。叠加两次是这个样子，叠加三次又是那个样子了。从中间开始重叠这样，稍微错开一点重叠又是另一个样子，如此往复……西式服装的话，就不会这么想了。

深井：常常听建筑行业的人说，如果是在什么都没有的广阔土地上做点什么，倒反而困难了。

山本：有了许多制约的情况，或许反而简单……

深井：反而也能做出非常棒的东西呢。

让男装与女装完美地融合在一起

山本：当然有一个前提，你有一个长时间像梦想一样的东西。当我说到这一次来做和服的时候，职员们说那就做坂本龙马吧。穿着和服裤裙脚下踩着靴子，说得简单点好像伊斯兰人们混穿着传统服装和西式的外套，放到现实中，却是全新的穿法。

深井：我明白的。所以我看到了这次的发布，就觉得肯定不是女人的和服。觉得它很好地融合了男式和服和女士和服两者。虽然我不知道是不是这样一个主题。

山本：我看到和服的衣料时，觉得和特别华丽的友禅织相比，我却不自禁地喜欢上了更像是男人穿着的材质。

深井：稍微有点脏脏旧旧的反而更好。很漂亮哦。花纹若有若无的男人的和服。这次的展览会[时尚的日本风格展]上出场的Yohji Yamamoto的服装，和1983年有个洞的衣服，还有1993－1994秋冬系列的，中间有个漂亮的褶皱的衣服。我觉得有着和服感觉的褶皱，真的做得相当完美。我想大概是毛哔叽吧。毛哔叽这种材质，虽然以前是女装的材料，但也是混合了男装与女装的面料。

和服是包裹人体的，所以每个人的韵味都不相同

深井：作为和服的特征，还有什么其他特别引人注目的地方？

山本：这次正式着手做和服后我才明白，和服的穿着方式，其实就是包裹起来，也就是说每个人的穿法都不一样。和定制的做法完全不同。并非是在制作完成了的造型中放进身体，而是在自己身上一层一层按顺序穿戴上去，所以每天都会变得不一样。可以说这样的状态是流动的，富有创意的。我也是第一次知道它是一个非常的流动体，真有意思。

深井：但是，现在的日本人并不会认为和服是宽松舒畅的衣服啊。

山本：我问了和服的专业公司，以前的人穿和服只在腰间系上一根腰带，就在厨房之类的地方开始工作了。但是到了战后反而穿得越来越隆重，变成了盛装，还有了专门教授和服穿法的教室。像是塑料模型玩具一样，按照规定组装起来就好。虽然大家一直认为这是传统的和服，但我觉得那是一种丑态。我咨询了日常就穿惯了和服的老妈妈之后，就觉得更是如此了。

深井：所以，因为各自穿法不同，每个人的韵味气质也都各不相同了。会穿的人肯定能穿得特别好看，但是……

山本：不会穿的人怎么都是不会穿好看的。

深井：那么你有没有觉得现在大家都不想穿和服的原因是什么呢？

山本：应该是有的。但我不认为和服就应该按照它曾经存在的样子留下来。和服作为现代生活的道具已经败给了西式服装，我觉得也是肯定败了的。比如我在这次秀上也使用到了的友禅织，要手绘出面积为一反[宽约37厘米，长约12米半]，需要花费非常多的时间和精力。价格到了平常人工作一辈子也买不起的东西，自然而然会消退下去。虽然现在也可以用现代的手法去制作生产了，但我觉得应该要制作以现代的眼光去看也觉得它很美的东西才对。

深井：我也是收集了各式18世纪欧洲的衣服向大家展示时，发觉到这一点的。和服逐渐败退的理由，是因为它一直没有什么变化。从18世纪左右开始一直就是这样，一厢情愿地冠以传统的名号，完全不想做任何的改变，所以是活不下去的啊。

不管别人说什么，
我想制作的是至今没有的，我们的衣服

山本：我在东京开始制作高级成衣，是在1980年代初期，洋装也好和服也好，做的都是我们的衣服。要做迄今为止没有的全新的衣服，这种说法是有意识的。而这意识，并不是存在于西方历史的延长线上，而是在以往存在的根源中，是在东方独特的成长起来的我们所感受到的东西，我想要将它以现代服装的形式呈现出来。

深井：对，并不是日本设计师做出来的东西就一定是和服。不过和洋装也不一样。此次在京都举办的日本风格展的最终的环节是，由现代的日本设计师创作的新式服装所组成。主题就是超越一百年前的日本风格，形成新的潮流，定的主题是跨越国境线。而实际上这才是最想做的内容。

山本：这类风俗文化类的东西，例如19世纪末开始到20世纪初的新艺术时代，西方人充分接受了和服的影响，就好像形成了新的艺术样式一般，文化输入的一方也创作了许多优秀的作品。我此次参考的也是"新艺术"[Art Nouveau]。在我动手制作和服的时候，就想过至少要达到新艺术的水准。就算做错了也不想沦落到"服装土特产"的地步。我们不去管它，那么高田贤三以来我们想要制作的新式的衣服，就会被西洋人当作他们自己的东西，在日本人努力吸取西方文明的时候，西方人却说不定比日本人做得更好。这里面包含了日本生活文化的部分，我不想假以他人之手。

深井：真值得托付。

照片来自 1994 - 1995 秋冬巴黎时装周
上图，搭配工作靴的造型很新鲜。
下图，和服大衣的内衬使用了友禅织。

山本：就这么想叫我"时尚日本风格"吗？那我就试试看，之前虽然觉得自己做不到，但现在说不定能做成。以前做了总觉得会失败，这次会失败得更大吧，但算了无所谓了，现在变成了这样的心境。被一直认为是日本时尚风格的人，反过来以和服为题材来创作，而发布会又没做好的话，那真是无地自容了。如果没想通，就肯定做不好。不过，现在我已经无所谓了。

感觉上也不同，日本与西欧的完成

深井：我觉得这次没有什么不好意思的啊，时装秀非常完美。不是很好吗？

山本：到了最后发布的时候好像反而有些不明白，彩排时倒是看出了一些东西来。在彩排的时候，我第一次看到好像有一阵风吹了过来似的，所以我就按照那个感觉和方向来进行了正式的发布会演出。

深井：是什么样的风呢？

山本：挺奇怪的风。

深井：我觉得最好的地方是，下摆和身体非常贴合，这一点又和仿佛有风拂动般的部分相互反差、相互平衡。此外，还有在身后像垂幔装饰一样，将和服衣料横过来处理的部分吧？这个部分一般是竖着来使用的吧？

山本：很难办呢。和服衣料一般是竖着来使用的，但这次的主题我想要横过来使用。我和工作室的员工们说了以后，结果能做出来的只有一个人。毕竟以竖线为前提制作的东西是具有自己的轮廓造型的，这也是我的疏忽吧。与之相反，用横线来制作，那竖线的力量就会以另一种状态打开，很难实现衣料的流动，会自己纠缠起来。

深井：有了漂亮的造型，而它又能富有动感这真是太好了。和服的袖子和下摆也是摇动的。大概我本人也是日本人的缘故吧，不喜欢身体穿着僵硬的衣服。也觉得缺少了一些韵味，所以会偏好宽松舒适的服装。而日本设计师在这方面又是特别擅长的。

山本：和完成洋服的感觉也不同。有什么坏了的、有什么空隙的、有什么摇动的，这样的才算是有型。而西欧人在这方面的感觉是不同的，所以不能相提并论。

深井：讨论的方向不对了。

山本：是的，你要说这是什么精神理论似乎也不太对。不过与此相关的文化差异，明白的人自然就会明白。不用多做什么说明。

深井：你不觉得所谓展览会，只是观看以前的东西毫无意义吗？过去是联结现代甚至缔结未来的东西。能够给看的人带来这样的灵感才好。耀司先生最新系列的作品能参加此次的展出，让我们看到了令人耳目一新的内容。真是非常感谢。[3 月 9 日于巴黎]

深井晃子

京都服饰文化研究财团 [KCI] 艺术总监。组织世界知名的 KCI 服装发布会，将其成果总结在"时尚界的日本人"、"身体之梦"等展览会，在海内外获得高度评价。著书包括《20 世纪时装的轨迹》[文化出版局]、《时装的世纪》[平凡社] 等。继在伦敦、慕尼黑、东京都现代美术馆举办的"Future Beauty 日本时装的未来性"展览之后，2014 年在京都国立近代美术馆举行"Future Beauty 日本时装：不连续的连续"展。

1999 S/S ©Yohji Yamamoto inc.

From Milan　1999

我喜欢 Yohji 的衣服的理由。

弗兰卡·索萨妮 撰文：Miyuki 矢岛

Yohji Yamamoto 的时装发布会，我从 1981 年持续看到现在。我想，在巴黎那个时候他还没有举办展览会。只是在赛巴斯托伯大道某栋建筑最高一层的房间里进行销售。有位精品店的老板向我推荐，我就去看了，当时，我买了雨衣和其他的东西。

第一次穿上 Yohji 的衣服时的印象，至今还历历在目，因为觉得"很奇怪"，构造和其他衣服完全不同，所以当手伸进衣服里，最后穿到身上时的感觉，也与以往的经验完全不同。当时感受到的不可思议的震惊现在还记忆犹新。

次年 1982 年，我在康泰纳仕公司的 Lei 任职主编，策划了日本设计师的特辑。你们还记得吗？封面还装饰了日本国旗。

无论和服装的传统是否有关，天才的设计师可能诞生在任何一个国家。耀司制衣的想法也并不是日本的方法。虽然有和服系列，但我觉得大部分还是和西方的高级定制更相近。但是和西方设计师不同之处在于，他的裁剪和衣料的研发也完全不同。

山本耀司、川久保玲还有三宅一生，将制作服装的方式方法完全改变了。发布会的呈现方法、剪裁、外观、织物原料等所有方法皆是如此。这也可以说是他们在至今为止的西方服装史的进程中，引发了最主要的革命。

而这其中，耀司的服装又最富有讽刺意味。可以看得到他从内心充满享受地去制作衣服。这也是我喜欢耀司的理由。我们把这种充满趣味的品位，也叫作丰富的讽刺性。

他可以制作任何款式类型的衣服吧。可以制作媲美高定的单品，但是他在那儿却埋伏下了讽刺的意义。突然就成了极其现代时髦的衣服。虽然人们好像不太会将重点放在"讽刺"这件事上，但"讽刺性"却是将一切变成摩登的关键。

Yohji 如果不具有讽刺性，直接将它认真地组合成系列去发布的话，他的秀可能马上就会变成舞台道具服。我们无法避开"讽刺"的力量，"讽刺精神"正是智慧的体现。

此次的发布会 [1999 春夏] 很棒。感觉就像在做梦一样。全都是预想之外的内容……

像耀司这样呈现服装的设计师，过去可是一个人也没有做到过。艺术、戏剧、音乐、诗歌、热情、历史、技术等等，全都有了。

人们常说"虽然好看，但是很难实穿"。而此次 Yohji 的非凡之处就在于，那一件一件脱下来的衣服全部都能单独穿着。它们既是可以销售的商品，又像是打破了常规如梦幻世界一般与众不同，是极致奢侈的一个系列。

衣服买来放着就会堆起来，所以需要常常整理和丢弃。Yohji 的衣服和 COMME des GARÇONS、让·保罗·高缇耶还有圣·洛朗的衣服一样，我一件也舍不得丢，全部都保管起来。所以，我有很多件 Yohji 的衣服。你们要拍照了吗？好的，那我就去穿上最鲜艳的色彩，Yohji 的黑色。

改变时尚的人。

卡拉·索萨妮 撰文：Miyuki 矢岛

"我在和耀司一起编书呢"。卡拉·索萨妮告诉我这个消息的时候，大约是一年前。她说他是她 20 年的朋友了。

据说两年前山本耀司先生本人向她提出了出书的请求。因为他自己参与其中一起工作，所以企划进行得很顺利。"耀司是个十分开朗不阴郁的人，总的来说是很好的人。所以和他一起共事不可能有不愉快的事情。我对于这份工作感到非常满足。"无论是概念还是艺术方向还是视觉素材的选择还是平面设计，卡拉都听取了耀司的意见，着手每个环节的进度。

卡拉说希望通过这本书向大家传递的是，Yohji Yamamoto 的理想女性形象。"着手制书了之后，我才明确了，这和我想象中的女性形象完全吻合。露出背部的样子、从颈到肩的轮廓，看到就能明白，耀司的女性形象浪漫、开放又充满感官刺激。是始终对女性充满尊敬的男性啊。耀司的这一点，特别地吸引我。"

"我记得第一次购买 Yohji 的服装是 1982 年时候。是一件黑色华达呢的大廓形的风衣。他处理华达呢这种材料真是很擅长。现在我还保留着。Yohji 的衣服和 COMME des GARÇONS 的衣服，完全改变了我的穿衣方式。不仅是对于服装的看法，而是完全改变了女性化的表现内容。迄今为止，穿高跟鞋就基本上就是种义务，只要是女人，就无法突破这种疯狂的固定结构。Yohji 则说明了用其他的方法仍然还是女人，甚至是非常女性化的女人。紧密贴合身体的西式服装，在欧洲自然是天经地义的。服装可以被认作是一种盔甲。在谁都对此没有怀疑的时候，他却提出了让人完全预料不到的意外提案，并由此一鸣惊人。他当时就是这样的一个状态。"

女性的服装是为了男人所存在的东西，这一点不仅限于西方。在西方，女性服装是通过传统女性身体的外形，彰显其女"性"的一面。现在也还停留在这种定义的延伸处。但日本的和服则相反，是起到将身体曲线隐藏起来的作用，可以把 Yohji 的衣服看作是在这一延伸中诞生起来的作品吗？遮盖了日本女性体形特征的衣服设计，并以此为特点而诞生的。

那种不对称造型和宽松舒适造型的这两个系列，与西方传统审美意识都大相径庭，而且是他在 1980 年代刚刚到达西方，就经由巴黎给了西方人巨大的冲击。这不是凭借体型穿着的衣服了。Yohji 的衣服不是从外部可视的造型，而是让人看到其具有的不可视的内在的造型，由耀司的衣服来选择。这对包括卡拉在内的西方人来说，都是崭新的。"Yohji 的衣服可以将穿着者的感官性最大程度地引发出来。"这是让意大利版 VOGUE 的卡拉·索萨妮如此赞叹的、馥郁芬芳的衣服。不仅靠身体线条，而是"由女性引发感官"的、全新存在的衣服。"是啊。所以，耀司提案的时装系列，是不是以日本为题都无妨，给我们的感动都是一样的。和其本身是没有关系的。"

在卡拉经营的 10 corso como 店里，购买 Yohji Yamamoto 的人，总是同一类型的人。

"和年龄没有关系，她们是一群成熟的、懂得如何存在、了解如何与自己相配、明白什么是新事物的女性。用一句话来概括山本耀司，那应该就是，'改变了时尚的人'吧。"

Yohji Yamamoto 1988-'89 A/W Catalog
photograph : Nick Knight / cooperation : Yohji Yamamoto inc.

Yohji Yamamoto 1997 S/S Catalog
photograph : Paolo Roversi / cooperation : Yohji Yamamoto inc.

Franca Sozzani

弗兰卡·索萨妮。出生于意大利曼图亚。大学毕业后进入 VOGUE Bambini 担任编辑，不久后担任康泰纳仕集团下的 Lei 杂志主编。1988 年就任意大利版 VOGUE 主编。根据其独立的编辑哲学，在视觉上启用了史蒂文·梅塞 [Steven Meisel] 等摄影师，以前卫的版式，构筑了代表世界先锋的时装杂志。2011 年她继任联合国活动 "Fashion 4 Development" 的亲善大使。2012 年，荣获法国文学艺术勋章骑士勋章。

Carla Sozzani

卡拉·索萨妮。出生于意大利曼图亚，在米兰接受教育。年少时跟随父亲遍访教会建筑，历练出审美意识。长时间从事杂志编辑工作，并曾担任意大利版 Elle 主编，不久卸任。1990 年，在米兰成立了意大利首家买手精品店 10 corso como。在此篇报道刊登后的 2002 年，其同山本耀司共同编辑，没有同类可以媲美的限量版书籍 Talking to Myself，由 Calra Sozzani Editore srl 和 Yohji Yamamoto 共同出版。

作为批评的时尚——所谓山本耀司的样式。

撰文：成实弘至

1994 年"和服"系列

我第一次观看 Yohji Yamamoto 的发布会是 1994 年冬季的时候。场地在东京品川的仓库。

在那里我看到的是，我迄今为止与山本耀司所缔结起来的、通过谈论而来的所有的形象都不相同的风景。在矢野显子歌唱的背景音乐中登上 T 台的，是以日本和服的腰带、袖子为主题的裙子。

的确，当时的时装流行正是向亚洲转向的时期。巴黎时装周上也可以看到鲜明的日本风潮方向。但山本不是破坏既存文化和传统的前卫设计师吗？而且，他迄今为止流行的安逸和夸张的"日本"的表象一贯都相去甚远。这样的想法占据了我的脑海，我感到了迷茫甚至是怀疑。但随着发布会的进行，这种疑惑马上就消失了。我所目击的，是他对舒适的、等身大的日常性进行的重新审视。通过刻意选择被作为潮流元素的和服，来对这样的时装现状做出尖锐批评的理性。并且，他为了想要抓取绝对的审美，赌上了决绝的意志。此外，再无其他。在我所知范围内，如此尖锐、孤独地批判社会的，别说是时装界就是放眼整个文化圈也屈指可数。那时，我对于自己正在见证时尚史上的一大事件而感到了压倒性的冲击，被重击到无法说出话来。

在这里我不想将"和服"系列特权化。大概 Yohji 的发布会每次都具有类似的象征意义吧，我只是偶尔遇到了其中的一次。

回顾 Yohji 的各个系列发布会的变迁，可以看到山本一面与时代搏斗，一面创造出了一种独特的样式。嵌进了这些风格的山本的思想到底是什么样的呢？

作为社会批评的时尚

对于山本耀司来说，时尚只是对自己活着的时代与社会的批判。但是他与社会如何对峙的局面，对于了解他的设计思想是很重要的。为了看到这种发展，我大致分了三个时期，供大家参考。

第一段时期，也就是从山本作为设计师开始活动的 70 年代开始，到前往巴黎受到前卫评论的 80 年代中期。这段时期的他，破坏西方时尚的造型和规则，为"职业女性"开辟出新的天地。

1943 年出生于东京的山本，经历了庆应大学的法学部的学习，后在文化服装学院学习设计，转而进入时装领域。带给他最大影响的女性，莫过于在新宿经营西式裁缝店，独自一人将他带大的母亲。深夜手持针线依旧在工作的母亲的背影，就是山本理想中，站直身姿走入社会的女性原型。所以他从心底厌恶让女性受尽辛苦的男性社会，也讨厌为了安定而放弃自由的女性。

将女性作为装饰对象的时装美学，与将女性锁在家庭之中的社会体制，归根结底要回到 19 世纪西方的布尔乔亚社会，山本的批评首先要做的，就是如何将西方造型破坏掉，如何使之从以往的价值观中跳脱出来。与此同时，也对于盲目追随欧美文化的日本人做出的挑战。不对称、直线裁剪、超码、使用本土衣料等意图，不仅是对西方的一种反命题，也同时是针对不自觉地与欧美一体化的日本时装界现状的一种批判。所以当欧美的媒体称他为"日本风格"时，他的内心肯定是很波澜起伏的。

现在看来，那个时期的山本的廓形却是很繁复的。缝进布料里的意义也留下了高声主张的印象。但是相反，因为重叠了多种意义，这也可以说是为了扰乱既定的结构性的时尚，是一种战略性的繁复。

超越现代主义

第二段时期可以说是以巴黎为舞台在全球获得支持者的 1980 年代后半段到 1990 年代前半段。这一时期，山本将重点转移到了对现代主义的内在批判中去。

1982 年以后在巴黎时装发布的成功，开拓出了新的舞台，也就是理解者与共鸣者的增加，超越了国籍的界限。而这一点也确立了在日本国内 Y's 的评价。但另一方面，1980 年代的 DC 的风潮将山本等前卫派设计师吞没，在他们的设计中所要孕育出的文脉与意图被遗忘，反而被大量模仿和复制。在经济泡沫中狂躁的日本，山本再也看不到本该被衣服所包裹的女性，和女性身体之美相比，山本转而从更全球化的视点去构筑新的方向。

后现代文化是一种可以作为所有设计的记号通用的、"什么都有"的状况。它从既定的权威、传统、历史中带来了解放的自由，但价值相对却连接到了迎合自甘堕落的流行，发展成了这样一种事态。山本的前卫是其中的一个部分，但这一部分也作为一个记号被消费了，而反抗则被"驯服"为预先调制好的故事。

山本对于这样的风潮也在反抗，他所尝试的是追求女性轮廓的绝对平衡，从而再次思考近代时装。他将近代服装的原型认作是定式西装外套。定制西装在兼顾活动性与功能性的同时，也在明确构筑出身体的意义，这一点正是现代主义的原点。选择它，可以说是后现代相对主义风潮中的一种反时代的实践。于是，山本通过再构筑西洋身体象征的定制裁剪，创作出新形态的美学。

山本并不想去沿袭西方的传统，反而是将迄今为止的各种失败错误的设计实验，逆插到现代主义中去，确立了东西方境界模糊的、混合的身体美学。这是深入到现代主义的内部，通过组织构造来从内部突破时装的界限。而这一顶峰之作，正是前述的"和服"系列。这里的问题并非"日本－西洋"、"和服－洋服"这样的对立图式。对于爱读坂口安吾作品的山本来说，折中主义可以说是生活者的思想。而更重要的是，山本将西方时装的现代主义进行咀嚼，在和服设计中引入了自己的风格。而山本也终于从"日本风格"这一桎梏中逃了出去。

劳动者的高级定制

1995 年以后到现在正在进行中的现阶段可以称之为第三阶段吧。在这个时期，可以看到山本的时装开始呈现出一种独特样式的美了。

今年的发布系列，比以前更"沉默"。但乍看之下极为简单的裙子再细看之后会发现其构造、轮廓、褶边、领口、衣扣都充满了意义。

1996 年之后的数年中，作为对充斥在街头巷尾的时髦装扮、街头休闲风的反命题，他尝试去再度编辑 1950 年的高定全盛时期并进行高调的讽刺。用极其简练的修辞学，迎合现实中不可能存在的女性。

山本迄今为止追求的风格造型一定是以往所没有的。即使是如此热烈追求理想中的女性形象，但在现实世界中却找不到能够满足这一欲求的对象。也多半是无法与生活中的女性并肩打拼了。山本将这样的绝望制作出了能构筑理想身体的样式美，并在这些尝试中得到了升华。

而直到今天，山本一路追求的风格到底是什么呢？简而言之，我想就是"劳动者的高级定制"吧。

山本讨厌时尚这个词，在之前维姆·文德斯的纪录片《都市时装笔记》中，山本有过这样的发言："自己想做的是与生活者融为一体的衣服。"

说这话时，电影中的山本看着的是奥古斯特·桑德 [August Sander] 的摄影集，也就是 20 世纪初德国农民与工匠们的肖像摄影。他们穿戴着的肯定是旧衣服，但散发出一种在日常劳动中强制与身体统一化了的切实的生活感。对于山本来说美丽的造型，就是成为穿着者人生的一部分的衣服。

但这并不容易。与其说造型是设计师创作而成的，不如说是穿着者在生活中逐渐孕育出来的。所以山本决定设计"时间的流逝"。加上劳动者的衣服，必须包含了与之相衬的运动量，为了遮盖不同体型，衣料与身体之间的"动作的空间"也是必要的。

山本正面对峙着设计中"时间与空间"的困难，衣服的尺寸必然会变大，外形也会变得不对称。而且要耐用抗磨，华达呢之类坚固又富有表现力的材质也适用。为了在正装场合也可以穿着，颜色则为黑和深蓝。平衡比例令动作、姿态看上去很优雅。在满足了这些必要的条件之后，山本开始逐步造型创作。

因此，这样的风格是不受阶级、人种和体型限制的。它不是布尔乔亚式的将衣服强按在身体上，而是以劳动的身体作为基础。

就像香奈儿为职业女性使用了泽西羊毛针织面料，并经由西装外套创造出了风格，山本也构想出了让职业女性更美更有型的造型。

最近的山本让人感觉要将这一风格越发尖锐化。在发布系列中运用了不容易解释的高度的修饰学，给观众以理性与感性的双重震撼，并越发表现得极致简练。

但如之前所述，衣服并不是由制衣人来完结的。山本的样式能否真正成为经典，这是由如何去穿着所决定。究竟是谁、会如何穿上 Yohji Yamamoto？山本耀司在时装史上最终的着陆点，必定是由这些答案来决定的。

奥古斯特·桑德《20 世纪的人们》
右页的人物是电影中山本耀司说喜欢的，
穿着衬衣的画家。

成实弘至

京都造型艺术大学助教。曾任出版社编辑、现任助教。持续从社会学、文化研究的视点重新观察时尚和亚文化。著书有《20 世纪时装的文化史》[河出书房新社]、编著书有《cosplay 的社会》[serika 书房]，共同编著的有 Japan Fashion Now[耶鲁大学出版社] 等。2011 年在东京歌剧城美术馆举办的"感觉服装 思考服装：东京时尚的现在时"展，作为策展人参加。

Yohji Yamamoto 的价值。

瓦莱丽·斯蒂尔 撰文：森 光世

我第一次看 Yohji Yamamoto 的时装发布会是在 1980 年代中期的巴黎。
我还记得，1984 年自己在纽约的一家精品店买了他的白衬衣。衬衣
的衣摆长得几乎及地，是一件超码款。当时我对它一见钟情几乎每天
都穿着它上街。而在当时的纽约，能懂得这件衬衣的有型之处的，只
有一小部分"时装精"。但这件衬衣成了一个契机，只要时间充裕，我
每年都会去巴黎看他的时装发布会，只要经济允许，我就会继续买、
继续穿他的衣服，是真的！

大家都认同他的作品充满创意，我自然也没有异议。那么，哪里是创
意呢？首先是衣服价值的呈现方式。我在巴黎第一次看他的秀时就在
想，从没有哪位设计师能如此熟练地，将每件衣服的特色都发挥出来，
能如此不凡地将价值也充分体现出来。这只能说天性使然了。让人感
动于这样的卓越表现。迄今为止，我一直都是以西方服饰史的观点来
看衣服的。在看到山本耀司衣服的价值时，颠覆了自己以往的西方服
饰观。也就是说服装并不是必须贴合穿着者的身体。大概他的衣服的
贴身感和布料价值的意义会被认为是东方的、日本式的。这样的东西
里仿佛看到了日本和服般垂顺的、带有褶皱的元素，这些技巧可能就
是源头。但并不会让人觉得这是明显的日本式。也绝对不是"蝴蝶夫人"
那种的，也不是安土桃山式的。他的衣服朴素简单，但又和茶道一样
非常简练。虽然其中的技术并非西式的，但作为衣服本身，看上去美
极了。从中可以看到他的衣服被认为艺术和知性的原因。

耀司的衣服常和同时代的设计师川久保玲做比较。两人的共同点在于，
都为西方服装带去了众多重要的影响。各自的服装在价值上也有许多
类似点，诸如以黑色和深蓝色为主。但川久保玲的服装倾向于破坏和
不对称，很重视质地。从我的角度来看，耀司却没有对于服饰史的偏
执，看到他的婚纱系列时，我感觉裙装的整个历史都浮现到了脑海里。

Valerie Steel

瓦莱丽·斯蒂尔。在耶鲁大学获
得文化史博士后，在纽约州立大
学时装技术学院 [FIT] 美术馆担
任策展人，并在 FIT 研究生院执
教时装文化史。被称为美国的时
装史、时装评论第一人。2010
年，同美术馆共同策划举办了
以历史的眼光来看日本 1980 年
代开始到现代的时装展 "Japan
Fashion Now"。东京时装周
时也来到日本，著有 *Fashion
Designers A－Z* 等书。

无论耀司和川久保玲哪一方，都将日常穿着的衣服朝着前卫先锋的方向一步一步推进。虽说是前卫，但并不会无法在日常生活中穿着或是穿着去工作。这也是我佩服耀司衣服的地方。我有一件持续穿了近10年的连帽外套。内侧外侧都有很多口袋，早上穿的时候是有点麻烦，但穿着非常舒适，而且看起来很有型。让穿着者有型，这可是衣服的使命啊。他的衣服看上去很奇妙，但实际上却很好穿。从这个意义上来说，他的衣服对美国时装也带去了很大影响。这并不是说他在美国市场成了主流，而是我觉得他的衣服填补了大众市场和前卫之间的鸿沟，起了桥梁般的作用。

耀司的衣服有另一个让我佩服的地方，那就是对运动服的组合方法。对于一个被称为前卫的设计师来说，运动服是不怎么好玩的。因为是生产的要求，所以说没办法革新，连试一试也不肯就一口回绝的人也很多。但耀司和阿迪达斯的合作，实际上是挑战运动服究竟能变得多有趣。并且他也找到了自己的答案。能做到这些也是因为，他对于制衣有着自己原创的独特的思维方式。

如果问我过去是否也有和耀司一样的设计师？那答案肯定是没有。香奈儿和迪奥也有所不同，而我觉得阿玛尼 [Giorgio Armani] 在 20 世纪的时装史中和耀司一样，是具有冲击力的设计师。阿玛尼以解构主义风格外套留名。而耀司乍看很普通其实决不平凡的外套，则是经过精密计算的重量与构造。他们都转变了世人对待时装的看法。在这一点上，这两位设计师非常相似。

最后，迄今为止我最喜欢的 Yohji 的发布会系列是爱斯基摩人主题的红色绒面革裙装。它洋溢着奢华感，而且充满肉欲。那件衣服实在太贵了没能买下，现在仍然是我难以释怀的遗憾。

Yohji Yamamoto 1983-'84 A/W Catalog
photograph : Eddy Kohli
cooperation : Yohji Yamamoto inc.

Yohji Yamamoto 1985-'86 A/W Catalog photograph : Paolo Roversi / cooperation : Yohji Yamamoto inc.

Yohji Yamamoto 的结构与美。

撰文：伊丽莎白·帕伊

沿着身体曲线纵向延伸着轮廓的外套，强调脚步线条的紧身风格长裤，配上低跟的鞋子，这就是我在 1980 年代初的造型。当时，Yohji Yamamoto 和 COMME des GARÇONS 在巴黎举办了第一场发布会，轰动一时。游牧民族服装的外形加上自然的羊毛材质，极具象征的黑色，平底圆口鞋，具有重量感的脚踝部位，都成了 Yohji Yamamoto 的风格象征，让人了解了美和优雅的另一种解释。虽然感到很不好意思，但他将我迄今为止所理解的尖锐的、不断主张的魅惑概念颠覆了。大胆地深入"定制"的大陆，对时尚之都，用没有色彩、没有女性化外形的服装，公然地猛烈敲击，令业界哑然。

距离美丽厚重的圣厄斯塔什教堂很近，巴黎 Les Halles 区域当时正以惊人的速度进行着开发，在此处的天鹅小路 [Allee des Cygnes] 有一家又小又昏暗的专卖店，在那里我买了重量感足以隐藏身体线条的，宽幅界于短裙和长裤之间的服饰，深灰色羊毛质地的类似伊斯兰民族服饰的袋鼠裤 [sarrouel pants]，还买了耀司从日本出租车司机的手套中获得灵感而制作的，深斜切入手部设计的纤细感的羊皮手套。

然后，我丢弃了高跟鞋，并翻开了自己的时尚新篇章。和其他大多数的女性一样，耀司教会了我展现女性魅力的新手法。

耀司的服装所酝酿出来的魅力，是神秘、宁静，不是暴露而是联想。让人想到和服。和服不是大喊大叫的衣服，而是窃窃私语的衣服。它不但拥有绝对的存在感，而且还有着优美、神秘等蕴藏在内里的官能性。只要看看歌德的浮世绘就能明白。它们让我想起了 2004 年，在巴黎大皇宫举办的"浮世绘美术'虚浮的世界'"中展出的多幅浮世绘作品。又或是沟口健二、黑泽明的电影。是的，Yohji Yamamoto 的服装，

他的衣服就是那么让人心动，如此细腻，如此稳重。令人炫目的剪裁技艺，在定制的精髓中加入了平面设计，制作出温柔的造型来。耀司在制服、日常穿着的服装系列，还有婚纱上都这样一次次做出解释。浮现在眼前的是，建筑感线条的绅士轮廓。大量使用深红色的薄纱，戏剧性雕刻般的双排扣男式礼服大衣。对皮尔·卡丹圆形几何造型的模仿。加上了蜘蛛网般细密优美披肩的裙子，是从舞者朋友皮娜·鲍什的世界里获得的灵感。这是一条看似破烂的针织裙，但就算是破烂枯萎的纹理也显得很优雅。此外，作为对他自己文化的模仿，加入了绞缬染法和友禅职人的技术，具有火焰般橙色的火红的裙子让人印象深刻。加入了质地稀疏的黑白色的毛毡面料显出的重量感，清晰的具有品味的构造，令人感动的充满趣味又兼具优美的诗歌般的婚纱，让见到它的女性无不感动到直起鸡皮疙瘩。用巧妙的剪裁做出从口袋里变出的裙子，鲜活地重塑格蕾丝夫人 [Madame Gres] 传说中的百褶裙装，再到 2008 年春夏系列的摇滚风夹克衫，搭配了用衬裙架制作出轮廓的令人感动的"男性化／女性化"的创意混搭，全部让人回想了起来。衣服会自己吸引穿着的人，我一直觉得它们有这样不可思议的炼金术般的作用。或者说，双方如磁石般互相吸引更贴切。如同命运般的相遇。仿佛之前就这么记下来了一样。好像就是彼此"约定"好了一样。在法语中这也叫"Les maries"[新郎新娘／夫妇]。Yohji Yamamoto 的衣服和我，就好像亲密的朋友般一起走在人生之路上，是从心底里信任的、不会背叛的友人。是什么都可以讲、什么都可以接受的真正的朋友。衣服，也很会看人的，也很懂人的，懂得我们的感情、幸福、挫折、成功和失败。看看以前的照片或是电影就能明白，衣服在我们的人生

Yohji Yamamoto 1997 S/S Catalog   photograph : Paolo Roversi / cooperation : Yohji Yamamoto inc.

From Paris 2008

历程中发光。我长久以来在执笔写作时，都会穿着 Yohji 的羊毛开襟绒线衫。粗疏的编织和不对称的纽扣，造型上也只有一侧呈现出厚重感。我一直小心呵护地穿着。我不能想象这件开衫在我日常生活中消失的景象。当然，它是黑色的，材质是亚光和亮光的混合，穿着很舒服，已经和我自己融为一体了。Yohji Yamamoto 的衣服值得一生拥有啊。巴黎时尚和装饰艺术博物馆 [Musee des Arts Decoratifs] 的研究员，同时也是 2006 年举办 "Juste des vêtements" [just clothes] 展的策展人奥利维·塞拉德 [Olivier Saillard] 也指出，没有一件赠给美术馆的衣服，是来自于日本设计师山本耀司的品牌。"这大概也是，想要自己留下来的证据吧。在这个泛滥着用完即弃的如纸巾般的消费世界里，可以确信耀司找到了让时间这一概念消失的方法。"他给予了如此的赞赏与评价。追逐 Yohji Yamamoto 拍摄的影片《都市时装笔记》的导演维姆·文德斯，在此处看到了"职人"，看到了超越时间制约的时尚。穿上刚刚买来的崭新的衣服，却仿佛体会到已经穿了多年的感觉。

黑色。这也是 Yohji Yamamoto 的印记。从最早期开始一直没有改变。Yohji 的反叛时代。黑色可以说是他的第一层皮肤。对我来说，也是如此。在我的衣柜中写着 Yohji Yamamoto 的全都是没有色彩的衣服，全部都是消却存在感的同时又有着自己的主张，此外就是平面矢量图般的线条。曾几何时在东京的专卖店里购买的，悄然包裹住胸部的，让腰部膨胀开的，让人想到简·坎皮恩 [Jane Campion] 导演的电影《钢琴课》的，浪漫的 19 世纪的"袋子"裙子，下摆裁得干净利落的毛毡大衣，今冬的下摆设计是在前方突出的，钉着不对称纽扣的，黑罗纱质地的男式双排扣大衣等，但我感觉好像很久以前就认识它了，且一直穿到现

在。而且，他做的衣服，让衣服自己拥有更强大的力量。超越了表面，让内在来说话。让其自身来说话。像礼物一样。他是男性，却如此彻底地了解了女性的所有。只要看到这些，就总是让人心动。我觉得他的母亲，对此一定有着贡献。

1980 年代，黑色就是引发了比利时法兰德斯设计师们美丽浪潮的巨大灵感之源。从初次亮相起我就很喜欢穿安·迪穆拉米斯特 [Ann Demeulemeester]。安，以诗歌般的摇滚品味被知晓，走在通往大师级的道路上。在她那仿佛是光之大礼堂的安特卫普旗舰店的开幕晚会上，山本耀司曾如此清楚地对我这么说："安·迪穆拉米斯特和我，在做差不多的事情呢。不同点在哪里？大概就是她是女性这一点与我不同吧。"两者的精神共通之处的确在此。交换着穿着两人的双排扣大衣，身体也觉得如是。

想到 Yohji Yamamoto 的衣服就会觉得，不对称是人类随处可见的自然的玩笑。是对"没有人味的完美"的坚硬的反对宣言。消退的物质走向人生本身，危险地打动着内心。他的黑色既是谦逊，又同时是断言。其两面性 [双重意义] 的部分也和人是一样的。他构筑的重量感是随动作而变化的雕塑，在都市中勾勒出生动的、美学感的线条。我喜欢他一心追求"想打扮时间"的精神。装扮摇曳流动不止的时间，是有多美妙，多准确的表达啊……

如印记般留下的是这考虑周全的力量。兼有尊敬的理念和优美，通过衣服进入到女性的内在之中。所谓为衣服所陶醉，不过如此吧。

Elisabeth Paillie
伊丽莎白·帕伊。现住巴黎的时装记者。在广告公司任职后，曾就职于设计企划公司，并成为记者。每天邂逅新的事情，将自己尊敬的人和喜欢的人介绍给大众，和时代一起进步、奔跑、成长，紧抓新闻性，进行采访活动。关于山本耀司，她说："他是时代的巨匠。他的优雅在于力量的强大和沉默。是一位深爱女性的创作者。"

Messages to Yohji Yamamoto

他在时装界开拓了美的新次元。
——卡尔·拉格菲 设计师

"He gave a new dimension to beauty in fashion."
Karl Lagerfeld

每次遇到耀司，他都会教我些什么。
他总是用心灵感应的方式送出诗句。
是时装的诗人。只是我现在还不能理解这些诗。
什么时候我想请他教我该怎么读。
——托尼·琼斯 i-D 前主编

"He is someone that I learn from each time
we have a chance to meet - he is the beat poet of fashion,
transmitting telepathically the poems
I have yet to comprehend...when I might one day learn to read..."
Terry Jones

耀司是位大师。
他造型下的女性仿佛是无法捕捉的流动体。
他以仪式感的方式，完美地裁剪布料。
他制作抵抗平衡和逻辑的衣服。
不得不让人为他完美精湛的技艺所叹服。
拥有如此风格的设计师再无他人。
一以贯之，具有持续性。耀司就是我的大师。
我没想过和他在时装以外的领域相会。
我依旧为巴黎那么多设计师而感到失望。
我在穿上耀司的服装时，总会为之倾倒。
感觉仿佛那是耀司为了我而专门缝制的。
——夏洛特·兰普林 演员

"Yohji is a master.
He shapes women as if they were a fluid abstraction.
He fashions a sense of ceremony into the exquisite cut of his fabrics.
He makes clothes that defy proportion and logic.
It is difficult for me not to be amazed by the sheer beauty of his craftsmanship.
I have found no other designer who is capable of such style.
Consistently and enduringly.
Yohji is my master.
I have not wished to look elsewhere.
I have disappointed many designers in Paris!
I have always been fascinated by how I feel when I wear something created by Yohji.
I feel original. I feel he has made it for me."
Charlotte Rampling

耀司是个诗人。他用服装来替代语言，
他的创作就是剪刀的语法。
他的目的就是侍奉穿着这衣服的男女，
并让他们从内心里觉得舒服。
他的献身是深刻的，他的怜悯是无条件的。
——维姆·文德斯 电影导演

"Yohji is a poet. He doesn't use words, but cloth.
His create is grammar with scissors.
His aim is to serve the women and men who wear his clothes
and to make them feel better about themselves.
His commitment is radical and his compassion is unconditional."
Wim Wenders

©Donata Wenders, Berlin

没有人看过如此的纯粹，
但如果了解耀司的生活方式和他的作品，
就能发现其中极其细腻的所在。
纯粹是不可见的理想，
却可能以外在的形式呈现出来。
——彼得·布鲁克 剧作家、导演

"No one has ever seen purity,
but if one contemplates Yohji's way of being and his creation,
something very fine is always present.
Purity is the invisible aim
and purity becomes the outward expression."
Peter Brook

每次我和我重要的、亲密的朋友耀司邂逅之时，
都是我人生中最光辉、最充实的瞬间。
我把他当作优秀的艺术家来敬慕，
在我行进的前方，他总是给我全新的呼吸和力量。
——皮娜·鲍什 舞蹈家

"Zu den Sternstunden in meinem
Leben zählen die Begegnungen mit Yohji Yamamoto,
meinem innigen Freund. Ich verehre ihn als grossartigen Künstler,
der mich auf meinem Weg stets inspiriert und stärkt."
Pina Bausch

已经 15 年了，我对 Yohji Yamamoto 一直忠实。
因为某种关于优雅的思考，
从对最基本部分做出极小改变而诞生。
正因为这仅有的一些不同，
正因为黑色有了不同的韵味，
正因为消除了颜色，才能看到个性。
——让·努维尔 建筑家

"Depuis une bonne quinzaine d'années
je suis fidèle à Yohji Yamamoto.
Pour une certaine idée de l'élégance des références.
Pour ces petites différences qui font
dévier imperceptiblement les basics.
Pour que le noir s'exprime en nuances.
Pour qu'au delà de la couleur, le caractère domine."
Jean Nouvel

时装界赫赫有名的人物，都会对耀司的作品称赞不绝。
粉丝中有人是在 80 年代的巴黎受到的强烈冲击，
当时的世界时装圈都受到了这样的"一击"，
并直接体验到早期的耀司。
他们直至今天依然在继续谈论着当时的冲击。
我没能体验到当时的情景，但这没有关系。
我几乎是满怀爱意地来表达，耀司的时装有多厉害，
耀司对我来说又是多么伟大的人物。"
——奥利维尔·泰斯金斯 设计师

"So many great figures of the fashion world are
passionate about Yohji Yamamoto's work.
A part of this attachement has a direct relation
with the beginnings of Yohji Yamamoto
in Paris when in the early eighties
his work literally hits the international fashion
with great impact - the who's who that did not miss his beginning still talk about it.
I missed this beginning... but no matter.
I can tell how great Yohji's fashion is and what a great figure Yohji is for me.
Affection."
Olivier Theyskens

我对他的工作始终寄予莫大的赞赏和敬意。
拥有一贯性、才能和激进的姿势，
对于所有的时装设计师都是楷模。
——缪西娅·普拉达 设计师

"I greatly admire and respect his work.
He has been an example of consistency,
competence and radical attitude for all fashion designers."
Miuccia Prada

三年前作为模特参加了耀司的男装发布秀，
真是难忘的回忆啊。
之前的 20 年一样，今后的 20 年也一样。
我从心底祝愿这位才华洋溢的男子能在各个领域获得成功。
——维维安·韦斯特伍德 设计师

"I modeled for one of Yohji's menswear shows about three years ago, it was wonderful.
I would like to wish this lovely man every success for another twenty years."
Vivienne Westwood

对于我们来说，耀司的工作是，
关于比例，
关于将某个观点发挥到极致，
关于背影的思考。
我曾最喜欢担任 Yohji 的拍摄工作。
因为每一季都会创造出一个新的世界，
耀司给予我们莫大的信任、尊敬和自由，
是从其他任何一个客户那里都得不到的。
——伊内兹·冯·兰姆斯韦德和维努德·玛达丁 摄影师

"Yohji's work for us is all about proportions
and about taking an idea to its extremest point and back.
We loved working on his catalogues.
The amount of trust, respect and freedom given to us
to create a new universe each season
has never been paralleled by other clients since."
Inez van Lamsweerde & Vinoodh Matadin

山本耀司是一个天才。
是和世界分享自信与创造性的，独一无二的灵魂。
他作为设计师，也作为个体的人，同时具有两种灵感。
作为艺术与设计的完美结合，他会永远地存在下去。
——唐纳·卡兰 设计师

"Yohji Yamamoto, a universal soul.
A unique spirit, sharing with the world confidence and creativity.
He is an inspiration both as a designer and a person.
He has held longevity through his commitment to art and his design integrity."
Donna Karan

Yohji Yamamoto Long Interview

2013 photographs : Yutaka Yamamoto

山本耀司。讲述 2013 年。

撰文：小岛伸子

巴黎·荒野

他，从事时装设计已有 40 年。父亲在战争中丧生，母亲在东京新宿的歌舞伎町开了一家洋服裁缝店。混沌环境中长大的少年，在各种不同的价值观中成长起来，逐渐开始学习制衣，并将压抑在心中的愤怒与反抗转化为了创造，得到了全世界的赞誉。在山本耀司的盟友维姆·文德斯的电影《德州巴黎》[1984] 中，主人公为了重圆以往的美好家庭而出发前往德州一个叫作巴黎的小城。那么，山本耀司向往的巴黎又在何处？此时此刻的他，又在看着怎样的风景？

设计师之路

东京品川的河岸边，在 Yohji Yamamoto 总社大楼的一间房间里，开始了山本耀司的专访。山本耀司走了进来。一起来的还有一条大狗，它仿佛欢迎自己的客人般亲热地和我们打了招呼，然后就蜷坐在了主人的脚边，这是一岁的秋田犬"凛"。白底深灰的皮毛，是个时髦的"姑娘"。山本说这是他最后的"恋人"。

时隔十年再见山本耀司本人，他飘然洒脱的风貌和沉稳的气质丝毫没变。但经年累月的风霜，似乎褪去了余物而显得越发简单纯粹。经过岁月历练后呈现出的清澈眼睛和坚定的面孔，仿佛只有在那些渔夫、农夫还有手工匠人身上才能相见。那种以此为业、决不动摇、从一而终的方式，经过长年努力，坚守自己意志而自由地活着。他，就是如此。"35 岁以后埋头忙于各季时装周，常被问到'迄今为止最好的作品是什么？'我的答案始终只有一个'请看下一季'。"

大学毕业之前，从没考虑过从事时装设计。顽皮打架的儿童时期，小学六年级进入基督教会男子学校，热衷于画画和漫画的晓星初、高中时期，还有几乎是玩着度过的庆应义塾大学法学系时期。在大四那年的夏天，和朋友去了三个月的欧洲之旅。第一次"邂逅"了巴黎。山本耀司被它的成熟与包容深深吸引，这座城市仿佛完全接纳了原本的"我"。

学业成长之路是为了让母亲放心一路走来的，但毕业后却并不打算就职上班。什么都还不想定型。但其他的朋友们要么是未来公司的继承人，要么也早已定下了今后的社会地位，和他们相比真是大大拉开了距离。毕业后，山本一边在母亲的洋服裁缝店帮忙，一边进入服装学院学习。以学生身份就报名参加了被誉为"新人登龙门"的设计比赛——"装苑奖"、"远藤奖"，结果连得两奖，得以逐渐看到了未来的道路。他用新人奖的奖金和机票去了巴黎留学一年。回国后过了两年，于 1972 年设立了自己的成衣公司 Y's。"出了一半资金给我的，是我之前打工的服装零售公司。为了支持我的发展，对方的常务每周两次来教我财务会计知识。后来当这家公司陷入困境时，我很高兴自己能够帮得上忙。"山本这样说。1981 年山本耀司初次亮相巴黎时装周，此后便一直保持着活跃之姿。

对以高级定制为顶峰的西欧设计传统和既存美感的疑问、反抗成了他的原动力，将其解体并再构筑……不是按照身体曲线去量体裁衣让衣服贴身，而是制造身体与布料之间含有空气流动的巨大剪影。运用高超的技术调整到预想的服装，先不要说它无聊，衣服下摆裁而不缝，针脚露在表面，袖子也是单只一个的未完成状态。和高级衣料相反，使用的都是用洗衣机洗得脱型的羊毛、皱巴巴的麻和棉，甚至是打样时用的亚麻布。既没有刺绣，也没有蕾丝或是其他什么装饰。他和同时期参加巴黎时装周的 COMME des GARÇONS 的川久保玲，都陷入了毁誉参半的状况。但毕竟巴黎就是巴黎，它接受着全世界。Yohji Yamamoto 独特的比例与造型，脱离和打破了所有已知的基本范畴，巴黎慧眼相识，为他这秘密的高级幽默和优雅送上了喝彩。

在巴黎时装周的舞台持续发送潮流 30 年，不仅媒体对他评价不凡，同行设计师和后进新锐们同样热切关注着他。让-保罗·高缇耶曾说他被山本"创作者"的一面所吸引："只看衣服就能明白，他追求自己独特的风格并将继续坚守。这一点影响了各行各业的创作者。真是一个具有非凡个性的人啊。"[FASHION NEWS 2011 年 3 月增刊]

其发展与成功同样得到了国内外的认可，从日本的紫绶褒章到法国颁发给平民最高级别的艺术文化勋章"Commandeur"，山本可谓屡获殊荣，是真正首屈一指的全球最受瞩目的设计师之一。但山本耀司本人却始终对此感到深深的违和感："不知什么时候居然从前卫先锋派变成了所谓的特权阶级，那成功者的形象，一直在与我无关的地方，独自走着呢吧。"

再生的团队力量

2009 年时尚圈遭受冲击，有一条新闻就是关于山本耀司公司申请采用民事再生法 [破产保护令]。"之前的公司方针一直是我做设计，而经营与管理业务，互相独立、两不干涉，所以我一点儿也没有留意到公司有恶化的预兆。他们也一直报喜不报忧。"那时，山本考虑过引退。"我的回归点就是战争后的荒原。对我个人来说这么做是很简单，但迄今为止一路支持我的工厂、染厂、纺织厂又该怎么办呢？"最后由 INTEGRAL 投资公司接手，成立了新的 Yohji Yamamoto 公司。缩小规模，切换到新的起点再出发。

"先指定好标准，然后将向它前进这一过程具象化和清晰化。这是我最近的心得。40 多岁时自己也不知道想做什么，就这么过来了，50 岁之后才终于懂得了如何掌控自己想要表现的东西。现在不再需要外表华丽但内容空虚的服饰了，我想要巧妙分配概念服与实穿服之间的平衡。这不是妥协，而是更高一步的进阶。服装这份工作和电影相同，光靠设计师或是导演一个人是不行的。每一个工作人员都很重要，而这个团队的力量在不断进化与提升。每当制版或面料规划完成时，我都会这么觉得。即使面对店铺面积使用率最优化的日本百货商店，这个团队也已经具有了在满足店铺需求同时来展现创意的能力。"我们向其中一位员工询问个中理由。他当年因崇拜山本而入职，至今已在公司工作了 27 年，一直在山本身边工作，负责制版、企划、时装秀的规划和执行等内容，被称为山本的"左右手"。"现在的制作人员有 60 人，只有以前的一半。但因为大家目标一致，所以更容易传达'设

2013 年 9 月 27 日，巴黎的贝尔西综合体育馆。
是 2014 春夏女装发布会的会场。
几个小时之后，这里就会被观众的热情和此起彼伏的闪光灯所包围，
但现在却是安静地流淌着山本耀司也会感到紧张的时间。

计师想要制作什么样的东西'这样的信息与概念。这一点常常从很模糊隐晦的词开始。比如近年的男装，要表现出'淋湿的男人'这一感觉。从材质到衣服都仿佛淋湿了一般，却又没法换掉，这种让人焦灼的感觉本身，最后也总算在 T 台上呈现了出来。"

"我特别喜欢这四五年的系列。"对于山本耀司来说"实穿衣"又是什么？"前一段时间，快时尚 [Fast Fashion] 或是可爱风或是摇滚歌迷'骨肉皮'式的时装实在太多了。一千个人里有几个穿出了自己的风格了呢？叹气也没有用，然后我就想到向人们展示穿着我的作品的机会，也是我的工作之一啊。于是就决定创作出一个这样的'切入点'。我的外套可能会改变人生——啊不，这么说是太过了，但是连这个入口也拒绝了的话，的确什么都不会改变。我想提案制作价格适宜又让人享受时装乐趣的东西。"

如前面这位职员所述："大门正在变宽。自己看着也觉得帅的服装依然是创作的基础，以前自己否定的东西比如纤瘦的服装，也会换位来想如果由自己来做的话会是怎样。将自己构筑的过去与对时代的直观感受相交融，来制作 Yohji 的服装。一件外套，一条裤子，一个袖子如何存在，这些问题延伸到哲学的应用范畴里去，本身也是挺有趣的，不是吗？"至于如何存在这件事，他举了一个男装裤子的例子。"不会做打不赢架的裤子，这是我一贯的定义。它必须能轻松应对各种动作幅度。比如日本乐队 EXILE 的成员，就因为 Yohji 的裤子穿不破所以特别喜欢，大概是因为这一条裤子里融合了美学与功能两个方面。"试样时，山本会自己缝上袖子，然后做出动作。这常常会让人感觉衣服活了起来。"虽然只是服装，但

是我们工作人员却将它作为了毕生的事业而战斗着。"所谓团队力，大概就是设计师本人的向心力之集大成，再无其二。

像游牧民族一样

关于 Yohji Yamamoto 这个品牌已经陆续聊了很多，但最重要的东西又是什么呢？"'布的韵味'是很重要的。用文学上的说法，大概就是'记忆中的面貌'。原来的东西消失不见，却在自己心里沉淀下来的记忆。模特已经走到两三米之外了，衣服还仿佛留在原地一般。"这是只有在服装秀的现场，穿着的现场才能领会的超越服装实体的感受。为了追求这样的感觉而制作服装，真是浪漫到了极点。可他却说自己"是个傻瓜"。

这"韵味"的线索好像是"时间"。随着时间流逝，物体变

得衰弱、损坏、然后消失。"天然纤维就是活物。经过时间而发生的变化过程就很美。这和旧衣服的魅力是一样的。我在世界各地旅行，最让我嫉妒的就是游牧民族。衣服层层叠叠，把所有财产都穿在身上。这是我所向往的，想要最终达到的境界。为了制造和现在不同的时差感，就要'折腾'衣料。弄脏、清洗、晒干、用力敲打。将刚刚织好的衣料放置两年等待它自然缩绒。如此长的生产周期，在消费型的世界里自然是不利的。但触摸到大多数的新布料，上面所含有的树脂成分让我非常讨厌。触感、质感也都是可以通过眼睛感受到的。关于服装，视觉和触觉更是一体。"华达呢料就是一种代表面料。我喜欢它如劳动工人般的韵味，同样的衣料经过不同的加工却用在了几乎所有的品牌上。特别是加上了褶皱处理之后，穿起来特别舒服。毛呢也是一样。反复处理后再使用，你会在传统的面料中发现崭新的面貌。

山本耀司对游牧民族抱有的共鸣，是因为他们也几十年穿着自己深爱的服装。衣服和主人一样增加着年岁，这一生活方式与我们这个用完即弃的社会截然相反。"所谓的便利正在让人严重退化。在时装领域，雄厚的资金支配着市场和宣传。服装变得好像在超市里购物一样，一件件放进塑料篮子里。味道和手感这些对于衣服来说最重要的东西却没有了。"巴黎是最新流行的发源地，年轻人高中毕业后从家里独立出来，没有很多钱就得想办法动手在二手旧衣服上花心思打扮自己。衣服的寿命变长了，也越来越契合穿着者的身体与气质。不单单是衣服，巴黎人是不会追求百分之百的方便的。因为知道了终点，过程就会失去了乐趣。这个国家早在 18 世纪就发布了《人权宣言》，所以非常认可与尊重人的权利。锅炉或水管的修理员要一周后才能来，也毫无怨言。不增加便利店和超市的数量，蔬果店、鱼店、肉店才能继续生存下去。通过和店员对话判断商品品质，让对方按照自己的需要来加工处理肉制品，这样才更适宜人们的生活。为了不炫目耀眼而避免使用太过丰富的色彩，这也是居住在人口密度高的都会人类所拥有的独特智慧。由沉稳色彩装点的巴黎街道，让他舒出一口气来。

对游牧民族抱有的第二点共鸣是，一边在旅途中生活，一边通过自己的眼睛来看真实的风景，让自己的皮肤来感受风的方向。对于游牧民族来说，衣服是保护自己不受风、雨、寒冷和生命危险的盔甲。而对于生活在现代日本的我们来说，又意味着什么呢？"已经有 70 年不曾有过大型战争了。简单来说，连腕力也不那么需要了。就算要打，也已经有了比

2013 年 6 月 27 日，在 Yohji Yamamoto 巴黎本社举行的 2014 男装发布会的后台。
左页上图是，等待出场的模特儿。造型的主题是被雨淋湿的男人。
作品中大量使用了具有光泽感的材料。
中图是充满了舒适安稳氛围的化妆室。下图是正式走秀前 15 分钟的试衣室。

自己身体更厉害的武器，所以男人不锻炼了，女人也变得强大了。从精神上也不再需要服装上的武器和装备。或者说，淹没自己的个性反而比较轻松。但即便如此，当我看到如此毫无防备的日本年轻女性，仍然会为她们担心。"特别是夏季服装的身体露出程度。在欧洲，短到大腿根部的热裤，不是普通人会选择的穿着。"给我看看你的手。同手背、手腕的外侧相比，手掌和手腕的内侧也比较白皙，也比较性感。这些被遮起来的部分，才蕴藏着女性的美与魅力啊。"

在他喜欢的摄影师奥古斯特·桑德的照片中，有一组20世纪初的男人们的身影。穿着盛装前往传统庆典的年轻人、在西装上系着围裙工作着的大叔——这虽然是一组德国农民、平民的肖像，却不知为何如此动人心弦。"他们的表情里说明了自己今天穿了特别好的衣服来拍照。虽然衣服是父亲的并不合身，或是太过古旧。但这些原本样貌糟糕的男子却突然自负地摆起姿势，整个人都变得清澈闪耀起来。我喜欢那少年般要强又让人怜爱的样子。如果男人失去了这一少年的特质就完了吧。这也是我决定时装秀模特时必不可少的条件。"那么你偏爱的女性呢？"恶女。背负着沉重过去的女人。有着阴暗面的女人。不道德的女人。不道德其实也是一种诚实。"在山本爱读的作家坂口安吾的《堕落论》里，流畅的行文中有这一节。"才女这一类型是这样的。无论是精通数学、语言还是物理的知识，但对于人性的审察却是零。也可以说就算拥有了学问，却完全没有知性可言。对于人性的认识，才是真正的教养的源头，没有这些知性的才女和野蛮人、原始人、非文化人没有什么两样。"安吾和耀司两人都口径一致地"抵制"着那种仿佛打了人生胜仗般，有着人人羡慕的体面的工作和家庭，并引以为傲的女人。"即使被揉得乱七八糟，也依然向前屹立着的才是山本偏爱的女性。没错，这有没有让你联想到他敬爱的游牧族人，以及他花费时间、精力亲手打造的那些衣料面料呢？

起风了

2012年3月，中国北京举办了"如意·2012中国时装论坛"。因为之前依靠出口和投资的中国经济，开始向内需路线转换了，所以可以说这个活动非常重要。为了报答主办方热诚的邀请，山本耀司作为主要宾客前往参加。山本耀司在论坛中有一场演讲，并受到了报纸、杂志、电视台的围堵。他被这意外的人气弄得不知所措。"之后去了上海和广州，走在街上也会被蜂拥而来的人群围住，被请求拍照、握手，完全没法走路。"在中国，早在2008年就于北京太庙举办过首场Y's的时装秀。高度发展的经济中，追求简约的人们在那场时装秀上受到的震动，可能会为此后带来了影响。但这爆发式的人气基础，还是因为Y-3。"五六年前，我去到上海，从机场到门店，看到有很多人都穿着Y-3的衣服，我很震惊。虽然在时装领域中国还未完全成熟，但这蓬勃的势头很有意思。"

Y-3诞生在2002年。在那两年之前，山本在时装秀上启用了运动鞋，并由此开始了和德国阿迪达斯公司的合作。"和

德国人一定能意气相投。"山本对此特别确信。

能这么说，也是因为和维姆·文德斯长久以来的交流。文德斯导演本就是Yohji Yamamoto男装的粉丝，追着山本耀司拍摄的纪录片《都市时装速记》就是两人发展友情的契机。当山本耀司的公司陷入财政困难时，他从新闻中得知后第一时间寄来了亲笔信。"我现在也面临着同样的问题，失去迄今为止制作的所有电影的著作权。其中还包括那部我们一起冒险制作的《都市时装速记》。唉，这就是所谓的人生吧！"[《山本耀司：我投下一枚炸弹》，MY DEAR BOMB，岩波书店]。在美国文化刊物INTERVIEW官网的对谈里也记录了，两人一起吃河豚，一起打桌球，一起询问彼此近况的亲密场景。听了山本讲述自己作为设计师以来漫长的经历后，文德斯半开玩笑地说道："你不是化石，你根本就是恐龙。"这篇报道中也谈到了山本与阿迪达斯的信赖关系，让人印象深刻。"设计Y-3的时候，一点也不辛苦，相当自由。"

现代舞蹈家、表演艺术家、编舞家皮娜·鲍什非常遗憾在2009年离世了。她的舞蹈如死般沉静，又如生命般喷涌具有跃动感。其独特的风格获得了极高的评价，她在德国乌帕塔尔的公演常常汇聚了来自世界各国不同的艺术家。"我是她的奴隶。不管什么命令都会遵从。"对皮娜如此心醉的他，为这位拥有共同世界观的女神制作和呈上了精彩的服装。

剧作家、表演艺术家海纳·穆勒则直接地邀请山本设计服装，剧目是1993年在德国拜仁的拜罗伊特节日剧院上演了理查德·瓦格纳的歌剧《特里斯坦与伊索尔德》。他必须使用歌剧院专属的缝纫工，且同许多受到限制的规则斗争，花费了三年的时间与精力，真是相当辛苦，但和不同领域的艺术家一起工作，收获也是非凡的。

为什么和德国人就那么投缘呢？向成立Y-3时的工作人员询问缘由，得到的答案是"他们勤奋又友好。创意上意见向左时，也会尊重对方的意思而巧妙地给予引导。可能因为这个原因，自从合作开始，双方的负责人几乎就没有换过。"

那么中国又如何呢？要如何回应那热烈的敬意与情谊呢？"经营上的沟通先不说，我很想帮忙一起培养新的人才。现在就有中国职员在本社工作。在难以找到赞助方的现在，中日两国的年轻人能携手共同走向世界该有多好。日本汇集了世界各地几乎所有的品牌，物资过于丰富，所以设计师需要做减法。而中国的设计师则可以运用加法。仅靠单独一方可能有困难，但彼此互相学习、互相支持，将作品拿到世界舞台的展示会或秀场上，这绝非是梦想。作为我的终生工作，能够让来自亚洲的时装扩展到全世界，我愿意做他们的后盾。"看来，席卷大陆的巨大漩涡，将时装地图重新改写之日也不远了。

"在中国建立Yohji Yamamoto的客户群，需要相当的时间。"但人总有对于好的东西、美的东西的渴望与追求，这就是时装最大的原动力。为了获得而努力，为了与其相称而自我磨炼。但日本女性不知道为何从这"梦"里"醒"了。只是在伸手可以触及的范围内就自我满足了，或是任由杂志的街拍栏目大行其道。然而，山本耀司说"起风了"。并没有指望

右页是2013年6月下旬，
私下拜访Yohji Yamamoto青山本店的音乐家高桥幸宏。他也是山本耀司于公于私的好盟友。
他们在70年代相识，之后山本又多次拜托高桥负责男装女装时装发布会的音乐部分。
下图是山本的爱犬，凛。

230　photographs : Josui (B.P.B.)

在冬天热销的华达呢大衣卖脱销。即便不喜欢羽绒质地，但只要能继续自己喜欢的风格就还是会很愉快。甚至祖母、母亲和女儿三代来同一家店里购物。业绩持续三年突飞猛进。产品中的包、鞋子、饰品的比重很少，几乎都是靠服装来取胜。"恐怕其中一部分人已经对快时装感到疲惫和厌倦了吧。"随着季节改变，想到可以穿这条裙子，可以穿那件外套，这样的记忆和联想是时髦的乐趣，也是一种安心。衣柜里没有值得依赖的衣服会感到不安，又必须一件一件放置到衣柜里去。"身处时装界像置身于沙尘暴中一样看不到前方，但如能和消费者面对面，就能抓住最直接的反馈。"为某一特定的女性顾客群奉献所有创意，完全准备好自己的作品，让对方穿上所有她可以穿的服饰。山本耀司关注着现代的女性们，那目光温柔又认真。

走向荒野

"时装事业，也是饥饿事业。能否一生都怀抱着反抗的愤怒？能否对自己也保持愤怒？"当立志成为设计师的年轻人向他寻求意见时，山本这么回答道。"最早新人辈出的地方，是东欧的贫困国。他们不得不做些什么立身于这世界。而日本的年轻人不管如何吃饱总是没问题的。因为没有憧憬，所以也不会对无法成功的自己抱有愤怒。"当年的山本一边在母亲的歌舞伎町的店里帮忙，一边全盘否认了当时所有的成衣品牌。就算只是件衣服也好，想要变成某人的意愿，一定是强烈的。如果不是这样，就不知道该何去何从，甚至逆道而行了。

先前的职员也说："就算是'变柔软了'这样的概念，在制作时也会先从否定开始着手。这也好，那也好，这么一路下来，就会沦落到普通的服装店。市场部、销售部都会提出意见，然后再反着做。反抗心始终未变，苦恼着、惆怅着、工作着。这不是夸张而是常态。山本耀司的魅力就是不迎合、不计较，冥思苦想，一路到底。

"唯一让我沾光的就是愤怒的才能。"山本本人这么说。世界上的许多变革，都是由被权力压迫的人的愤怒所带来的。对于能巧妙变通并维持现状的年轻一代，他反而报之以同情。"我们通过抽烟、打架来反抗规则和体制。这也是一种训练。在互相扭打时，知道了暴力的恐怖与界限。但现在被细密的条例所束缚，一不小心就会成为罪犯，街头打架也打不成了。这部分反倒变得晦暗起来了。"

酝酿时装的环境也很难说好。日本的百货商店和品牌专卖店，对待新人设计师的作品都很消极。放眼巴黎，"托各大

集团雄厚资金的福，巴黎时装周不再是发表创意的空间，而成为了鞋子皮包的促销场所。亚历山大·麦昆 [Alexander McQueen] 的死真是非常遗憾。少了竞争对手，大家的比拼劲头也弱了下来。我真的很希望日本早日出现新锐人才。"

设计师的另一个重要条件，就是自我发现。"凭借视觉听觉欣赏的音乐和绘画，在艺术领域的排位中也最靠前。而时装的本质，比起视觉其实更接近触觉和韵味，所以在地位上反而会低一级。要想提升水准，在制作过程中就必须保持敏感，发现迄今为止截然不同的自己。"这是凭借制作过程而成长起来的。所以他不画设计图也是这个原因。具体说起来，他在前述的自传体小说《山本耀司：我投下一枚炸弹》里曾这么写道："做了设计呈现具体造型的一面，和继续深挖造型的一面，两种情绪交替上升高涨从而决定衣服的最终形态。我对布料呈现出的不同表情来作出反应：这个有趣、那个好看……如果不能被这些纯粹的反应和折腾衣料的意义所感动的话，当然不会有情绪上的兴奋高涨。"

但是，这种建议对于渴望成功的年轻人来说真的有用吗？时装界的华丽与乐趣，无名新人沐浴突如其来的光耀。对于期待着这种成功故事的人，这大概只能作为反面教材的参考吧。中国的《新京报》在采访他关于流行的问题时，他这么回答："我没有设计过目前为止流行的东西，反而总是与潮流和热门背道而行。我走的自然不是什么华丽的阳关大道，而是独木桥。因此，对于我来说，并不存在什么巨大的市场，也不会有喜笑颜开的销售额。在这一季卖出部分商品，购买下一季的材料，支付给员工薪水。就是这样维持着现在的工作，我觉得对我来说，这已经足够了。" [摘自：中国网日语版 ChinaNet]

没有成功的芳香。甚至还有些苦涩，但他本就是"始终走在荒野之中"。用自己唱着的歌曲宽慰内心，以长年修炼的空手道锻炼身体。但这些似乎在多年前也停下了。那么这一部分，就让衣服去唱歌，让衣服去搏斗吧。

幻想了一下，临风走在苍茫荒野的山本耀司。身旁有着爱犬"凛"的陪伴。逆反、迷茫、挫折、又再生——他穿着好几层的外套，竖着衣领，正加快脚下的步伐。远处城市的灯火闪烁，那里有着家人和同事的等待。

小岛伸子

自由撰稿人。在文化出版局担任了多年的杂志编辑，1989 年退社，成为自由撰稿人。在其就职期间他负责山本耀司的采访，离职后也多次在 *MR. high fashion*、*high fashion* 等诸多山本耀司的特辑中撰稿。著有《平田晓夫的帽子》（Y's 出版，2010），记录了平田晓夫 85 年的足迹。现在负责 GALACTICA 自然石珠宝工作室的运营。http://galactica.co.jp

2014 春夏女装时装秀的彩排场景。
在走秀前 2 小时，仔细确认模特台步的山本耀司。
他特意在负责最终环节的 5 个模特的演出上添加了变化，那个部分之后成了最大的看点。
作为设计师，他亲自演示了动作，让起来让模特看。

232　photographs : Yutaka Yamamoto

All About Yohji Yamamoto to 2013

山本耀司。创意的记录。

年谱

1962 庆应义塾大学法学部入学。

1965 4 月，坐船前往前苏联 [现俄罗斯]，搭乘西伯利亚铁路开始了大约 3 个月的欧洲旅行。

1966 3 月，从庆应义塾大学毕业。4 月，于文化服装学院入学。

[世界正处于旧权威向年轻人文化转变的时期，在巴黎，圣·洛朗在塞纳河左岸设立了精品店]

1968 第一次投稿设计师的登龙门奖项"装苑奖"，被选为 1968－1969 秋冬的候补作品 [《装苑》1968 年 3 月号刊登]。评选人为中村乃武夫。

1969 在文化服装学院毕业前的一月，获得了 1968－1969 年秋冬，第 25 届装苑奖。

[仅这一系列，山本耀司的设计就有六件作品被提名。
当时的评委为安东武男、久我 Akira、桑泽洋子、小池千枝、笹原纪代、铃木宏子、中林洋子、中岛弘子、中村乃武夫、野口益荣、原田茂、细野久、水野正夫、森岩谦一、森英惠。]

同时期，荣获了第 6 届远藤奖，可谓双重获奖。凭借奖金，前往法国，旅居一年。

[当时的巴黎，前一年由学生主导的巴黎五月革命为契机，反抗古旧价值观的意识正高涨。也有社会不安的因素，传统的高级定制系统崩溃，高级成衣成了主流。]

1972 4 月，成立 Y's。超码的男子气的造型成为特征。

1977 5 月，东京 Aoyama Bell Commons 发布了 Y's 的首个系列。
1977－1978 秋冬女装中，被叫作陈旧原料再生的羊毛毯等，仅羊毛就用了 50 种，面料的多样性，直线构成的巨大的外形也成为话题。

1979 1 月，开始了 Y's for men。发布了和保守的男装完全不同感觉的衣服。

[此后通过时装和音乐与山本耀司有所交流的高桥幸宏，其组成的 YMO 在海外获得人气，其派生出来的短鬓角发型和独特的时装在 80 年代风靡一时。]

1981 4 月，在巴黎 Les Halles 开设了专卖店"YOHJI YAMAMOTO"，发布了 1981－1982 秋冬女装系列。

10 月正式参加 1982 春夏巴黎女装周。面料的独特加上折纸般剪裁的衬衫，其崭新的造型获得了褒贬不一的舆论冲击。和同时期起步的川久保玲一起，预告了新潮流的到来。

在巴黎成立了办公室 Yohji Europe。

1982 4 月，在纽约发布 1982－1983 秋冬女装系列。

山本耀司、川久保玲等共 14 位设计师组建的"东京系列办公室"起步。开始了 DC 品牌风潮。

荣获第 26 届 FEC[日本时装编辑俱乐部] 奖。其超越原有时装概念的服装制作获得好评。

1983 在巴黎时装周发布山本耀司和川久保玲的拒绝装饰的无色彩的开洞的时装，在世界范围内成为了惊世骇俗的大事件。

[受建筑和艺术的影响，后现代建筑的概念开始渗透到时装。]

1984 2 月，首次参加巴黎男装周 [1984－1985 秋冬]

8 月，成立株式会社 Yohji Yamamoto。

9 月，东京南青山由室内设计师内田繁着手装修的专卖店"Y's Super Position" [现 Yohji Yamamoto 青山店] 开业。

[山本宽斋、三宅一生、山本耀司、川久保玲等人开拓进巴黎时装周，迎来了日本设计师发展的高峰，占据了每一季全部品牌的 1/5 到 1/6。]

1985 从设计师集团的时装组织——东京时装设计师协会 [CFD] 起步。代表干事有三宅一生，干事为山本耀司、川久保玲、松田充弘、森英惠、山本宽斋。

[作为《读卖新闻》创刊 110 周年纪念活动，西新宿，也就是现在的东京都厅，设立了两个巨大的帐篷，举办 CFD 组织的"东京高级成衣系列发布"。]

1986 荣获第 4 届"每日时装大奖"。革新的设计和时代先驱性成为获奖理由。

1989 12 月，电影导演维姆·文德斯拍摄的以山本耀司、时尚与东京为主题的电影《都市时装笔记》在巴黎公映 [在日本公映是 1992 年]。

[分开德国的冷战标志柏林墙被推倒。]

1990 1 月，在法国里昂歌剧院上演吉田喜重演出的歌剧《蝴蝶夫人》，山本耀司负责服装部分。用运动面料的 T 恤制作出了深色调的裙装。

1991 6 月，在东京举办了"6·1 THE MEN"。是和 COMME des GARÇONS 的川久保玲一起举办的合作发布，再现了 1991－1992 秋冬男装系列。山本耀司的舞台上启用了音乐人约翰·凯尔、查尔斯·劳埃德等人作为模特登场。

由东芝 EMI 发布了首张个人唱片《那么，该走了吧》作为音乐人出道。

因为"6·1 THE MEN"，与川久保玲共同获得第 35 届 FEC 奖。

1992 2 月，D'urban 发布了商务男装品牌 A.A.R，品牌名是"Against All Risks"的简称，寓意身在团体中也不要失去自己烈马般的心境。

1993 7 月，在德国拜罗伊特节日剧场上演的瓦格纳的歌剧《特里斯坦与伊索尔德》中担任服装设计。使用了具有吸光效果的潜水服的面料。

1994 6 月，获得法国文学艺术勋章骑士勋章。

荣获第 12 届每日时装大奖。1994－1995 年秋冬女装系列，以独特的美学意识和技术再构筑了以往传统的和服，获得好评。

10 月，取材自日本神话的歌剧《素盏呜》[作曲·总导演 团伊玖磨] 在神奈川艺术节上演，担任服装设计。

1995 4 月，在札幌举办 1995 – 1996 秋冬女装发布。

1996 3 月，时隔 14 年在纽约举行发布 [1996 – 1997 秋冬女装]

以"天使与恶魔"为概念的香水"YOHJI"开售 [日本发售时间是 2000 年 7 月]

荣获第 40 届 FEC 奖。1997 春夏巴黎女装周上，其完整展现出的独特的定制主题获得好评。

1997 9 月，荣获仅有纽约女性运营的世界时装组织 FGI[fashion Group International] 颁布的 Night of Stars 奖。

1998 6 月，在意大利佛罗伦萨的佛罗伦萨男装周 [PITTI IMAGINE UOMO]，山本耀司和川久保玲双双得奖

10 月，在德国的乌塔帕尔，作为皮娜·鲍什和乌塔帕尔舞蹈团成立 25 周年纪念表演的一部分，参加了合作演出。加入皮娜·鲍什舞蹈演员团队，和 9 位空手道选手的表演，融合了身体艺术和时尚。

1999 在北野武导演的电影 *Brother* 中担任服装设计 [电影 2001 年公映]。

6 月，在纽约的时装颁奖礼上，荣获了第 18 届 CFDA 奖的国际奖。

9 月，在表现了共生与救济的《LIFE 坂本龙一 歌剧 1999》中担任服装设计。

2002 由山本耀司的作品和自己的语言所构成的 *Talking to Myself*[Steidl & Carla Sozzani] 出版。
此书在德国莱比锡国际图书设计展获得"世界上最美丽的图书展"铜奖。

和阿迪达斯合作，就任 Y-3 的创意总监，发布 2003 春夏巴黎时装周系列。

9 月，Y's 以 2003 春夏系列首次在巴黎时装周上发布。[这一季，Yohji Yamamoto 的发布提早到了 7 月，在以往高级定制的时间发布了。]

担任北野武的电影《玩偶》的服装设计。

2003 4 月，曾在巴黎的欧洲摄影美术馆中举办的展览会"Yohji Yamamoto：May I Help you"在东京的原美术馆举办。

2004 荣获紫绶褒章、受章。

2005 荣获法国文学艺术勋章军官勋章。

1 月，在佛罗伦萨男装展，在碧提宫的近代美术馆举办展览会"CORRESPONDENCES YOHJI YAMAMOTO"。

4 月，在巴黎装饰艺术博物馆举办"Juste des vêtements"。

A MAGAZINE curated by Yohji Yamamoto 出版了，这是一本从设计师的角度传达信息的时装杂志

2006 获得由英国王室艺术协会，授予的"行业名誉皇家设计师"[Hon.R.D.I] 称号。这个称号也是以坚持美和卓越设计的艺术家为对象的。

3 月，安特卫普的时装博物馆 MoMu 举办展览"Yohji Yamamoto——Dream Shop"

2008 伦敦艺术大学授予荣誉博士称号。

4 月，在太庙举办 Y's 时装秀。

2009 11 月，开设巴黎康朋店"YOHJI YAMAMOTO"。

2010 4 月 10 日，东京代代木的国立竞技场第二体育馆内，时隔 19 年在东京发布 Yohji Yamamoto 的男装系列"YOHJI YAMAMOTO THE MEN 4·1 2010 TOKYO"。

[出演者包括：AGATA 森鱼、ALBATRUS[三宅洋平、越野龙太、白石才三、Peace – K]、石上纯也、市毛实、石桥莲司、伊藤健志、宇尾刚士、宇野亚喜良、加藤雅也、木仓将贵、近藤良平和日本当代舞团 CONDORS、Saito Taiji、SABU、鲛岛秀树、椎名诚、Zeebra、Johnny 吉长、TAKASHI、东出昌大、Philippe Troussier、真木藏人、松井龙哉、松冈正刚、Monsieur Kamayatsu、Laurent Ghnassia]

2011 3 月在伦敦的 V&A 博物馆举办在英国的首次展览。
作为本展的一部分，也在伦敦的 The Wapping Project 以及 The Wapping Project / back side 两家画廊进行关联展示。

继第一本自传体《山本耀司：我投下一枚炸弹》的法语版、英语版之后，日语版由岩波书店出版。

10 月 3 日，获得文学艺术勋章司令勋章。

2012 2013 春夏巴黎女装周期间，发布了 Yohji Yamamoto 的新线"REGULATION Yohji Yamamoto"。

担任法国耶尔 2012 年度国际时装与摄影展览的审察委员长。

3 月，在北京参加"如意·2012 中国时装论坛"。

7 月，举办展览会"Yohji Yamamoto MEN"。

2013 发布 Yohji Yamamoto 的新线"REGULATION Yohji Yamamoto MEN"。

4 月在世界知名的柏林艺术展"Galley weekend"上举办"Cutting Age：Yohji Yamamoto"展。
以 Yohji Yamamoto 代表性的档案作品组成的时装秀在圣阿格涅斯教会举行，此外还有两个活动举行 [纪录片的首映公开、装置展]。

山本耀司的书《做衣服：破坏时尚》[采访人 宫智泉] 由中央公论新社出版发行。

Editor's Note
编辑后记

在编辑山本耀司的书时留意到的一些事。 撰文：田口淑子

我衣柜里的内容有些极端。颜色大多数是富有各种表情的黑色和藏青色，灰色、卡其色、酒红色只有少数几件，还有几件各种深浅的米色和白色夹在其中。蕾丝和荷叶边的衣服也只有几件，但甜美风的蕾丝和荷叶边则一件也没有。

将蕾丝和荷叶边做成非甜美的女性化的设计，可以和其他完全不同的价值观的东西相置换，这样的设计师在同类中少有，在全世界也屈指可数。他们的创造就是不断地改革着服装以往的"既成概念"。这些设计师制作的，对我来说独一无二的、寡言的、强烈的、美丽的衣服，从年轻时就被深深吸引。

即使不确认标签，挂着的衣服有半数以上都是 Yohji Yamamoto 和 Y's。还有就是 COMME des GARÇONS，Jil Sander……门口的衣柜里则塞了有近 20 件大衣，数一数也有一半是 Yohji Yamamoto 的。本书中皮娜·鲍什所穿的，质地厚实的大衣，只一眼就能看出是 Yohji 的设计，这也是她为了摄影纪念而购入的一件。

是执著的心吧

时装发布一年两次，自己会参加数量众多的发布会，看中了新款也就自然地买下来。当然衣服是收藏不完的，很多都是穿了一两次就转手送给他人了。但只有上述设计师的衣服，怎么都不愿意放手，20 年、30 年前的也都收在了一起。打开饱和状态的衣柜，我也常被自己的执著之心所折服。

在"为山本耀司。创意、致敬、采访 etc."的项目中，要从 1980 年以后，超过 30 个人谈论耀司的文章中，挑选出具体的、能感受到执笔者感动的，能突出耀司先生本质的文字。

此次再次阅读这些文章，可以了解弗兰卡·索萨妮、伊丽莎白·帕伊也都写下了对于衣服一致的、个人的思考。看来无法放手 Yohji Yamamoto 衣服的人不止是我，想到这也许不仅仅是单纯的执著心，这也让我自己安心下来。山本耀司制作的衣服对穿着者有着什么样的作用，这些都是具体的例子，读者请一定要读一读这些文章。

那些激荡的时代

正好是我从文化出版局退休的 2010 年左右开始，网络进入全盛时期，网络杂志也开始流行，电视和报纸都说"印刷和纸媒体已死"，很多有见识的人也都在说着这样的论调。而从每天上下班中解放出来的成为自由人的我，仿佛如人生第一次那般去仔细地看电视、读报纸和杂志。对于毫不犹豫解说着"时代转换了"的文字，我一边质疑一边读着。从那以后不到两年的时间，同一位笔者的论调已经改为"印刷与网络共存"了。真是动荡的时代啊。但在这出版不景气的漩涡中，我又熟知众多时装杂志编辑伙伴的辛劳，所以每次阅读到这样的文章都会一个人毒舌："这家伙恐怕也不过是个潮流知识分子而已吧。"

在网上可以轻松点击泛滥的关于时装的相关报道，网络也重用知识与理论都很新的年轻评论家。这一点看起来也仅仅是"潮流"本身而已，这让我决定，在今后自己撰写的原稿之中，不使用一切一知半解的难以理解的词。我想这种现象，一定也会给有能力制作服装的年轻人带来许多负面的影响。但是如果借用我最喜欢的涩泽龙彦的一段话来说，"形而上学？那

些就交给我的家臣们吧。"我以这样的心情,看着时代的推移。衣服,没理由地就是五感最先感觉到的。对于自己来说必要的衣服,会对你发射出什么信号来?会向你提出什么问题来?制衣的人经过了人所不知的格斗而完成的衣服里蕴藏着的感动,是专门送给需要这件衣服的人的。孩童时看到的一张画、一个电影的画面在人的记忆深处沉淀,并影响着未来。衣服,也是有同样的作用。对我个人来说,Yohji Yamamoto 的衣服就是这一类的所在。

素人的时代

2013 年 7 月左右,我收到了一个留言,这是一位既了解耀司先生迄今为止的工作,同时也知晓我在文化出版局编辑杂志事宜的熟人。"我很期待您监制的山本耀司先生的书,这是一本完整的作品。现在仿制品、伪造品和拔苗助长的便宜货大行其道,将 Girls 发布会和东京时装周、巴黎时装周,作为同等级的内容来做综合报道的、没有见识的媒体占了大多数,在这个晚期的"素人 [外行] 时代",时装到底是什么?山本耀司到底和什么斗争至今?通过再编辑贵社杂志经年累月的珍贵报道,我觉得就好像向这个世界投出了一枚石子般。这也是只有文化出版局可以承担的责任了。"

回顾耀司先生这样庞大的工作,并不是根据年份来追忆,也不是送上礼赞,更不是强压给读者结论,而是不重复内容地采集和再编辑。读完这条简单的信息后,我也明确了自己通过这本书所要发挥的作用。

4 月,正式开始

我和耀司先生相隔几年之后的再会,正式启动这本书虽然是在 2013 年 4 月左右,但 1 月初就从负责人处得到了 A3 纸大约 1000 张,*high fashion*、*MR.high fashion*、《装苑》三本杂志的过刊的开页复印件,都是刊登着关于耀司先生的报道的内容。如何整理,挑选哪些报道,让我感到如身处迷宫般困难,并不能马上着手进行。

另一个在进行到半途时开始苦战的,是关于著作权和肖像权在海外与日本国内认知上的分歧。我认识到日本是著作权落后国这一点,是在入夏的时节。提供方不仅限于时装界,而是遍布电影、歌剧、舞蹈、建筑、美学等不同领域,随着时间推移,拥有年龄不详的风貌和体型的山本耀司,可不是自己简单可以插手的"巨人",关于这一点我也再次重新认识了。

几个人做成了这本书呢

有一句简单的话我经常一边工作,一边去反思。"人只看到自己看得到的东西。"这句话表示只看到眼前的事,却无法继续前行的个人境界。同样这句话的意思,对于编辑的工作,或其他的工作都是放之四海皆准的道理。

这本书,是将以往杂志采编内容的二次使用 [二次使用在任何层面来看都是很重要的主题] 为前提的,从责任编辑村松谅在 2012 年 12 月提出山本耀司先生的企划时开始。最初是责任编辑和我两个人来进行 [正式来说,现在也是如此]。但随着工作进展,我们感到了考虑的不周。在这种情况下,我们想到了那个简单的道理,于是开始不断求助,拜托他人补足担任编辑的两人的不足之处。

现在身处别的部门，原来 MR.high fashion 的副主编蛎子典郎，现在《装苑》编辑部的原 high fashion 成员冈田佐知子二位，利用宝贵的周末休息日上班来协助我们。现在旅居德国的，担任皮娜·鲍什上演剧本日语翻译的立教大学的副岛博彦教授，以副岛教授为首，推举、介绍了众多援手给我们的大野一雄舞蹈研究所事务局的沟端俊夫先生。中途停下一起编辑的《早稻田大学时尚／社会文化研究会》，转而全面支援我们的同大学文化构想学部的山口达也先生。还有从编辑初期为了英语不好的我，虽然嘴里抱怨但当天就帮助我完成英译日、日译英工作的我的弟弟田口整。

要数清楚总共究竟有多少人实在很难，耐心地一一核对确认海外各位的著作权和肖像权的 Yohji Yamamoto 公司的星野彩小姐，巴黎工作室的亚里西亚·得·托罗小姐 [Alicia De Toro]，还有文化出版局巴黎分局的水户真理子小姐与 Isabella Sakai 小姐。

Yohji Yamamoto 公司这边，一边和耀司先生继续着工作室的现场工作，一边以直观的判断来帮助确认发布系列照片和美术设计版面的久保正先生。仿佛是星野彩小姐专属的负责人，帮助协调工作，尽力洽谈海外著作权的村木刚先生。2013 年 1 月在询问书籍化时就答应了耀司先生的承诺，并在编辑过程中给予中肯的意见，负责公关的 WAG 公关公司的伊藤美惠女士。以及她的左膀右臂，最多时每天快速答复 10 封编辑部确认邮件的安田直子小姐。还有作为耀司先生的助理去年入社的马旖旎 [Foggy] 小姐。

文化出版局方面，整理和流程是由从 MR.high fashion 时候就负责，并对容易陷入思绪停滞的我循循善诱的矾津加都巳先生。绝对让人信赖其灵活判断力的校对中神直子小姐。不忘表达对杂志刊登时各 AD 设计的敬意，然后通过缜密有型的再设计构筑出这一刊整体的，我多年的工作拍档，设计总监二本木敬先生。

1968 年起

不惜辛劳，寻找早在 20 年前摄影的胶片和材料，提供杂志当时未收录的备用照片，协助再刊登的各位摄影师。爽快应允了文章再版的世界各地的执笔者。刊登在刊物内的众多人物及其经纪人。还有不能忘记的是，1968 年起在文化出版局的三本杂志中在职的，担任过耀司先生的版面的历代各位编辑和当时的主编。所有各位，我和担当者村松谅，从心底表示感谢。制作一册书籍需要漫长的时间。即便如此，总觉得忘了确认什么特别重要的东西。

2013 年 12 月 25 日 圣诞之日

田口淑子

在文化出版局，1991 年到 2003 年期间担任 MR.high fashion 主编。1996 年、1997 年和 2005 年到 2008 年，担任 high fashion 主编。此前也在 high fashion 和《装苑》担任编辑职位。在任职出版局杂志编辑部长后不久，于 2010 年退休。现在是自由编辑者。

3 Magazines

一路采访山本耀司的三本杂志。

从《装苑》、high fashion、MR.high fashion 三本杂志中，选取了以山本耀司为特辑的期号，模特穿着 Yohji Yamamoto 的衣服，较近期的封面，连同工作人员表一起选取出来。各杂志的简历也记录在下。

SO-EN October 1998
photograph : Christoph Rihet
hair : Toshi
makeup : Rie
models : Dawning, Eugene
art direction : Tetsuji Bang! (Bang! Design)

SO-EN August 2002
photograph : Higashi Ishida
makeup & hair : Katsuya Kamo (mod's hair)
coordination : Naoko Kikuchi
model : Mandi Wright
art direction : Kai Hirose (FEZ)

SO-EN June 2004
photograph : Takashi Miezaki
styling : Yuki Watanabe
makeup & hair : Akihiro Sugiyama (mod's hair)
model : Anastassia
art direction : Kai Hirose (FEZ)

SO-EN

1936 年创刊，是日本历史最久的时装杂志。1950 年代的洋服裁剪风潮、1930 年代的高级成衣的发展、1970 年代设计师品牌开始出现，并持续介入"日本时装的现在"。1954 年 2 月号，以前一年文化服装学院创立 30 周年纪念为由招募举办的"克里斯汀·迪奥时装秀"作为大专题。1956 年，创立了设计师的登龙门奖项"装苑奖"。此奖项获得者以 1969 年的山本耀司为代表，还有小筱顺子、高田贤三、山本宽斋、熊谷登喜夫登，人才辈出，引领世界时装。采访山本耀司的第一篇原创报道 [162 页] 就刊登在 1969 年 5 月号上。

high fashion May 1996
photograph : Rowland Kirishima
makeup & hair : Katsuya Kamo (mod's hair)
model : Karen
art direction : Kei Nihongi

high fashion February 2002
photograph : Risaku Suzuki
model : Lulla
art direction : Ryoichi Shiraishi

high fashion December 2006
photograph : Rrosemary
styling : Kazumi Horiguchi
makeup & hair : Tomita Sato
model : Anne Marie
art direction : Kei Nihongi (9B)

high fashion

1960 年，预见了高度经济成长期女性进入社会的前景，以高品质知性生活为理想的读者作为对象，照片、文章和美术设计都以第一流品质为理念而创刊。在创刊号就先人一步采访了巴黎的高级定制发布会。1966 年在巴黎成立分社。也是日本杂志中第一个被正式许可采访巴黎时装周的。此后东京编辑部和巴黎分社携手，不仅介绍海外的设计师，更追踪报道 1970 年代三宅一生和高田贤三在世界范围内的活动。本书中再刊登的山本耀司的数场后台与专访采访报道也是巴黎与东京的联合协作。2010 年 4 月号以最后一刊发行本之后便转移至网络。继续发送原杂志上的部分栏目内容。

MR September 1991
photograph : Taishi Hirokawa
models : Phillipe Butcher, Jamie Morgan
art direction : Yuji Kimura

MR June 2001
photograph : Akira Matsuo
model : Yohji Yamamoto
art direction : Kei Nihongi (9B)

MR October 2002
photograph : Yasuo Matsumoto
makeup & hair : Tomita Sato
model : Pina Bausch
art direction : Kei Nihongi (9B)

MR

1981 年，high fashion 男版创刊。呼应着设计师品牌的逐渐被认知，MR 被评价为真正的男刊时装杂志。走在时代前沿的演员、音乐人，以及乔治·阿玛尼、詹弗兰科 - 费雷 [Gianfranco Ferré] 等人也登上了封面。Yohji Yamamoto 在 1991 年的重组之后，频繁地被进行过特辑报道，山本耀司也两度成为封面人物。左侧照片，是和 COMME des GARÇONS 的合作发布，1991 年 9 月号的特别报道"6·1 THE MEN"。中间是 2001 年 6 月号，"山本耀司。无赖，又纯真"特辑，有关于发布会档案、工作室以及专访等介绍。右侧是皮娜·鲍什登场的 2002 年 10 月号的封面。2003 年 6 月号与 high fashion 合并后休刊。

著作权合同登记图字：20-2021-125

原日文版主创人员

编辑、监制
田口淑子
Toshiko Taguchi

设计总监
二本木 敬
Kei Nihongi[9B]

文化出版局编辑担当
村松 谅
Ryo Muramatsu

整理、流程
矶津加都已
Katsumi Isozu[B.F.T]

校对
中神直子
Naoko Nakagami

发行者
大沼 淳
Sunao Onuma

协助编辑
Alicia de Toro ／ Isabelle 酒井
老子典郎／冈田佐知子
副岛博彦／田口 整／星野 彩
沟端俊夫／水户真理子／山口达也
Alicia de Toro/Isabelle Sakai
Norio Ebiko/Sachiko Okada
Hirohiko Soejima/Sei Taguchi/Aya Hoshino
Toshio Mizohata/Mariko Mito/Tatsuya
Yamaguchi

照片提供
文化学院时装资源中心

协助
株式会社
Yohji Yamamoto

图书在版编目(CIP)数据

关于山本耀司的一切 / (日) 田口淑子编；许建明译.
— 桂林：广西师范大学出版社, 2016.1（2021.5重印）
ISBN 978-7-5495-7533-6

Ⅰ.①关… Ⅱ.①田…②许… Ⅲ.①服饰美学－文集
Ⅳ.①TS941.11-53
中国版本图书馆CIP数据核字(2015)第278442号

广西师范大学出版社出版发行

　　广西桂林市五里店路9号　邮政编码：541004
　　网址：www.bbtpress.com

出 版 人　黄轩庄
责任编辑　王罕历 盖新亮
内文制作　裴雷思

全国新华书店经销
发行热线：010-64284815
天津市银博印刷集团有限公司

开本：787mm×1092mm　1/16
印张：15　字数：300千字
2016年1月第1版　2021年5月第8次印刷
定价：118.00元

如发现印装质量问题，影响阅读，请与出版社发行部门联系调换。